宁夏高等学校一流学科建设（草学学科）项目（NXYLXK2017A01）资助

宁夏草地植物图鉴

主　　编：李小伟　谢应忠　马红彬

副主编：许冬梅　伏兵哲　沈　艳　胡海英
　　　　黄文广　杨　博　吕小旭　张嘉玉
　　　　杨君珑　杨利彬

参编人员：杨　钧　于　双　李旭梅　周　亮
　　　　高嘉慧　马　龙　赵　玲　马　琴
　　　　王文强　马惠成　陈金莲

科学出版社

北　京

内 容 简 介

《宁夏草地植物图鉴》是一部全面、系统介绍宁夏天然草地植物的专业图鉴。共收集宁夏草地植物 43 科 167 属 398 种（包括种下等级），在内容上用简洁的文字介绍了每种植物的中文名、拉丁名、科属分类、形态特征、产地、生境和饲用价值，同时借助彩色图片对每种植物的生境、叶、花和果等特征进行了全面展示，弥补传统植物志的不足，便于读者识别和掌握植物主要特征。本书集实用性、科学性和科普性于一体，是对宁夏草地植物资源的全面展示。

本书对深入研究宁夏植物分类和区系生态地理具有重要的科学意义，也可为科研、教学、环保和管理部门的工作提供参考。

图书在版编目（CIP）数据

宁夏草地植物图鉴/李小伟，谢应忠，马红彬主编. — 北京：科学出版社，2023.6
ISBN 978-7-03-075655-8

Ⅰ.①宁⋯ Ⅱ.①李⋯ ②谢⋯ ③马⋯ Ⅲ.①草地—植物—宁夏—图集 Ⅳ.①Q948.524.3-64

中国国家版本馆CIP数据核字（2023）第098902号

责任编辑：刘　畅 / 责任校对：严　娜
责任印制：赵　博 / 封面设计：迷底书装

科学出版社 出版
北京东黄城根北街16号
邮政编码：100717
http://www.sciencep.com

北京中科印刷有限公司印刷
科学出版社发行　各地新华书店经销

*

2023年6月第 一 版　开本：880×1230　1/16
2024年1月第二次印刷　印张：13 3/4
字数：437 184

定价：168.00元

（如有印装质量问题，我社负责调换）

前 言

宁夏地处我国的西北内陆、黄河中上游地区，位于我国农牧交错带；草原面积3132万亩，占全区面积的31.4%，其中黄河干流区域草原面积达1476万亩，占全区草原面积47.1%。草原是全区生态系统的主体和重要绿色生态屏障，在保持水土、涵养水源、防风固沙、净化空气、固碳释氧、生物多样性维持等方面发挥重要生态功能，也是全区畜牧业生产的物质基础，同时也是黄河流域高质量发展的重要组成部分，是全区实施生态立区战略、打造西部生态文明建设先行区，筑牢西部生态安全屏障的主战场。

近年来我区草原生态建设已取得明显成效，但整体仍较脆弱，自然条件恶劣，降雨少、蒸发量大、积温低，极易受到环境变化与人类活动的影响。而草地植物的属性、数量、质量、分布与利用特征决定了草地的性质、用途和经济价值。因此，认识草地植物是对草地保护和开发利用的基础。

《宁夏草地植物图鉴》是编者团队长期从事草原监测与宁夏植物区系研究的累积，内容包括蕨类、裸子和被子植物。科属排布使用目前最新的植物分类系统，共收录43科167属398种。每种植物以简洁的文字介绍了中文名、拉丁名、科属分类、形态特征、产地、生境及饲用价值；并用彩色图片对每种植物的生境、叶、花和果等特征进行了全面展示，便于缺乏植物分类学基础的读者识别和掌握植物主要特征。

本书的出版对深入研究宁夏地区草地植物资源、物种多样性以及制定草地生态保护策略等都具有参考价值，同时为宁夏地区草地植物种质资源保护及其综合开发利用提供了依据。本书语言通俗易懂，图文并茂，方便植物科研人员、草原工作者、农林工作者、教师及学生查阅和使用。

本书编写历经数载，倾注了编者的大量心血，由于编者的学术水平及编写能力有限，难免疏漏，敬请广大读者及同行斧正。

目　录

前言

蕨类植物 Ferns

一　木贼科　Equisetaceae ··· 1
　　木贼属　*Equisetum* L. ··· 1
二　碗蕨科　Dennstaedtiaceae ··· 3
　　蕨属　*Pteridium* Gled. ex Scop. ··· 3

裸子植物 Gymnosperms

三　麻黄科　Ephedraceae ·· 4
　　麻黄属　*Ephedra* Tourn. et L. ·· 4

被子植物 Angiosperms

四　百合科　Liliaceae ·· 5
　　1. 顶冰花属　*Gagea* Salisb. ·· 5
　　2. 百合属　*Lilium* (Tourn.) L. ··· 5
五　兰科　Orchidaceae ··· 6
　　角盘兰属　*Herminium* L. ··· 6
六　鸢尾科　Iridaceae ·· 6
　　鸢尾属　*Iris* L. ··· 6
七　石蒜科　Amaryllidaceae ··· 8
　　葱属　*Allium* L. ·· 8

八　天门冬科　Asparagaceae ·········· 14
　　天门冬属　*Asparagus* L. ·········· 14
九　莎草科　Cyperaceae ·········· 15
　　薹草属　*Carex* L. ·········· 15
十　禾本科　Gramineae ·········· 17
　　1. 臭草属　*Melica* L. ·········· 17
　　2. 针茅属　*Stipa* L. ·········· 19
　　3. 芨芨草属　*Achnatherum* Beauv. ·········· 23
　　4. 细柄茅属　*Ptilagrostis* Griseb. ·········· 25
　　5. 短柄草属　*Brachypodium* Beauv. ·········· 26
　　6. 雀麦属　*Bromus* L. ·········· 26
　　7. 披碱草属　*Elymus* L. ·········· 28
　　8. 赖草属　*Leymus* Hoch. ·········· 34
　　9. 冰草属　*Agropyron* Gaertn. ·········· 35
　　10. 剪股颖属　*Agrostis* L. ·········· 37
　　11. 黄花茅属　*Anthoxanthum* L. ·········· 37
　　12. 落草属　*Koeleria* Persoon ·········· 38
　　13. 异燕麦属　*Helictotrichon* Bess. ·········· 38
　　14. 羊茅属　*Festuca* L. ·········· 40
　　15. 早熟禾属　*Poa* L. ·········· 41
　　16. 三芒草属　*Aristida* L. ·········· 43
　　17. 九顶草属　*Enneapogon* Desv. ex P. Beauv. ·········· 43
　　18. 画眉草属　*Eragrostis* Beauv. ·········· 44
　　19. 虎尾草属　*Chloris* Swartz ·········· 45
　　20. 草沙蚕属　*Tripogon* Roem. et Schult. ·········· 45
　　21. 锋芒草属　*Tragus* Haller ·········· 46
　　22. 隐子草属　*Cleistogenes* Keng ·········· 46
　　23. 狗尾草属　*Setaria* Beauv. ·········· 48
　　24. 狼尾草属　*Pennisetum* Rich. ·········· 49
　　25. 孔颖草属　*Bothriochloa* Kuntze ·········· 49

十一 毛茛科 Ranunculaceae ·· 50
    1. 侧金盏花属 *Adonis* L. ··· 50
    2. 唐松草属 *Thalictrum* L. ·· 50
    3. 乌头属 *Aconitum* L. ··· 52
    4. 露蕊乌头属 *Gymnaconitum* (Stapf) Wei Wang & Z. D. Chen ·· 53
    5. 翠雀属 *Delphinium* L. ·· 54
    6. 银莲花属 *Anemone* L. ·· 55
    7. 毛茛属 *Ranunculus* L. ·· 56

十二 锁阳科 Cynomoriaceae ··· 59
    锁阳属 *Cynomorium* L. ·· 59

十三 蒺藜科 Zygophyllaceae ··· 59
    1. 蒺藜属 *Tribulus* L. ·· 59
    2. 驼蹄瓣属 *Zygophyllum* L. ··· 60

十四 豆科 Leguminosae ··· 61
    1. 野决明属 *Thermopsis* R. Br. ·· 61
    2. 沙冬青属 *Ammopiptanthus* Cheng f. ··· 62
    3. 苦参属 *Sophora* L. ·· 62
    4. 胡枝子属 *Lespedeza* Michx. ··· 63
    5. 甘草属 *Glycyrrhiza* L. ·· 64
    6. 岩黄芪属 *Hedysarum* L. ·· 64
    7. 羊柴属 *Corethrodendron* Fisch. & Basiner ·· 65
    8. 锦鸡儿属 *Caragana* Lam. ·· 66
    9. 米口袋属 *Gueldenstaedtia* Fisch. ·· 70
    10. 棘豆属 *Oxytropis* DC. ··· 71
    11. 黄芪属 *Astragalus* L. ·· 80
    12. 蔓黄芪属 *Phyllolobium* Fisch. ··· 87
    13. 苜蓿属 *Medicago* L. ··· 88
    14. 野豌豆属 *Vicia* L. ·· 89
    15. 山黧豆属 *Lathyrus* L. ··· 91

十五 远志科 Polygalaceae ··· 92
远志属 *Polygala* L. ·· 92

十六 蔷薇科 Rosaceae ··· 93
1. 委陵菜属 *Potentilla* L. ··· 93
2. 蕨麻属 *Argentina* Hill ·· 97
3. 金露梅属 *Dasiphora* Raf. ·· 98
4. 毛莓草属 *Sibbaldianthe* L. ·· 99

十七 荨麻科 Urticaceae ··· 100
荨麻属 *Urtica* L. ··· 100

十八 大戟科 Euphorbiaceae ··· 101
大戟属 *Euphorbia* L. ·· 101

十九 亚麻科 Linaceae ··· 103
亚麻属 *Linum* L. ··· 103

二十 牻牛儿苗科 Geraniaceae ·· 103
1. 老鹳草属 *Geranium* L. ·· 103
2. 牻牛儿苗属 *Erodium* L'Hér. ex Aiton ·· 105

二十一 白刺科 Nitrariaceae ·· 105
骆驼蓬属 *Peganum* L. ·· 105

二十二 瑞香科 Thymelaeaceae ·· 107
1. 狼毒属 *Stellera* L. ··· 107
2. 瑞香属 *Daphne* L. ··· 107

二十三 半日花科 Cistaceae ·· 108
半日花属 *Helianthemum* Mill. ··· 108

二十四 十字花科 Cruciferae ··· 108
1. 念珠芥属 *Neotorularia* Hedge & J. Léonard ·· 108
2. 连蕊芥属 *Synstemon* Botsch. ··· 109
3. 葶苈属 *Draba* L. ·· 109
4. 独行菜属 *Lepidium* L. ··· 110
5. 菥蓂属 *Thlaspi* L. ·· 110

二十五　柽柳科　Tamaricaceae · 111
　　红砂属　*Reaumuria* L. · 111

二十六　白花丹科　Plumbaginaceae · 112
　　补血草属　*Limonium* Mill. · 112

二十七　蓼科　Polygonaceae · 113
　　1. 大黄属　*Rheum* L. · 113
　　2. 酸模属　*Rumex* L. · 114
　　3. 木蓼属　*Atraphaxis* L. · 114
　　4. 萹蓄属　*Polygonum* L. · 115
　　5. 拳参属　*Bistorta* (L.) Scop. · 116

二十八　石竹科　Caryophyllaceae · 117
　　1. 裸果木属　*Gymnocarpos* Forssk. · 117
　　2. 卷耳属　*Cerastium* L. · 118
　　3. 繁缕属　*Stellaria* L. · 118
　　4. 蝇子草属　*Silene* L. · 119
　　5. 石头花属　*Gypsophila* L. · 121
　　6. 石竹属　*Dianthus* L. · 121

二十九　苋科　Amaranthaceae · 123
　　1. 沙蓬属　*Agriophyllum* Bieb. · 123
　　2. 虫实属　*Corispermum* L. · 123
　　3. 驼绒藜属　*Krascheninnikovia* Gueldenst. · 126
　　4. 藜属　*Chenopodium* L. · 127
　　5. 雾冰藜属　*Grubovia* Freitag & G.Kadereit · 128
　　6. 沙冰藜属　*Bassia* All. · 129
　　7. 合头草属　*Sympegma* Bge. · 130
　　8. 珍珠柴属　*Caroxylon* Thunb. · 130
　　9. 猪毛菜属　*Kali* Mill. · 131
　　10. 碱猪毛菜属　*Salsola* L. · 132
　　11. 盐生草属　*Halogeton* C. A. Mey. · 132
　　12. 假木贼属　*Anabasis* L. · 133

三十　报春花科　Primulaceae ········ 133
　点地梅属　*Androsace* L. ········ 133

三十一　茜草科　Rubiaceae ········ 135
　拉拉藤属　*Galium* L. ········ 135

三十二　龙胆科　Gentianaceae ········ 136
　1. 龙胆属　*Gentiana* L. ········ 136
　2. 獐牙菜属　*Swertia* L. ········ 138
　3. 肋柱花属　*Lomatogonium* A. Br. ········ 139
　4. 喉毛花属　*Comastoma* (Wettst.) Yoyokuni ········ 140
　5. 花锚属　*Halenia* Borkh. ········ 140

三十三　夹竹桃科　Apocynaceae ········ 141
　1. 杠柳属　*Periploca* L. ········ 141
　2. 鹅绒藤属　*Cynanchum* L. ········ 142
　3. 白前属　*Vincetoxicum* Wolf ········ 143

三十四　紫草科　Boraginaceae ········ 143
　1. 紫丹属　*Tournefortia* L. ········ 143
　2. 紫筒草属　*Stenosolenium* Turcz. ········ 144
　3. 鹤虱属　*Lappula* Moench ········ 144
　4. 齿缘草属　*Eritrichium* Schrad. ········ 145
　5. 附地菜属　*Trigonotis* Stev. ········ 146

三十五　旋花科　Convolvulaceae ········ 146
　1. 菟丝子属　*Cuscuta* L. ········ 146
　2. 旋花属　*Convolvulus* L. ········ 147

三十六　茄科　Solanaceae ········ 148
　1. 枸杞属　*Lycium* L. ········ 148
　2. 天仙子属　*Hyoscyamus* L. ········ 149

三十七　车前科　Plantaginaceae ········ 149
　1. 婆婆纳属　*Veronica* L. ········ 149
　2. 兔尾苗属　*Pseudolysimachion* Opiz ········ 150
　3. 车前属　*Plantago* L. ········ 151

三十八　紫葳科　Bignoniaceae ... 152
 角蒿属　*Incarvillea* Juss. ... 152

三十九　唇形科　Labiatae ... 154
 1. 香薷属　*Elsholtzia* Willd. ... 154
 2. 鼠尾草属　*Salvia* L. ... 154
 3. 荆芥属　*Nepeta* L. ... 155
 4. 裂叶荆芥属　*Schizonepeta* Briq. ... 156
 5. 青兰属　*Dracocephalum* L. ... 156
 6. 百里香属　*Thymus* L. ... 158
 7. 莸属　*Caryopteris* Bge. ... 158
 8. 黄芩属　*Scutellaria* L. ... 159
 9. 兔唇花属　*Lagochilus* Bunge ... 159
 10. 脓疮草属　*Panzerina* Soják ... 160

四十　列当科　Orobanchaceae ... 160
 1. 大黄花属　*Cymbaria* L. ... 160
 2. 肉苁蓉属　*Cistanche* Hoff. et Link ... 161
 3. 列当属　*Orobanche* L. ... 161
 4. 小米草属　*Euphrasia* L. ... 163
 5. 马先蒿属　*Pedicularis* L. ... 163

四十一　桔梗科　Campanulaceae ... 166
 沙参属　*Adenophora* Fisch. ... 166

四十二　菊科　Compositae ... 167
 1. 蓝刺头属　*Echinops* L. ... 167
 2. 猬菊属　*Olgaea* Iljin ... 167
 3. 风毛菊属　*Saussurea* DC. ... 168
 4. 苓菊属　*Jurinea* Cass. ... 172
 5. 牛蒡属　*Arctium* L. ... 173
 6. 蓟属　*Cirsium* Mill. ... 173
 7. 飞廉属　*Carduus* L. ... 175
 8. 麻花头属　*Klasea* Cass. ... 175

9. 漏芦属 *Rhaponticum* Vaillant ... 176
10. 拐轴鸦葱属 *Lipschitzia* Zaika, Sukhor. & N. Kilian ... 177
11. 鸦葱属 *Takhtajaniantha* Nazarova ... 177
12. 蒲公英属 *Taraxacum* F. H. Wigg. ... 178
13. 苦荬菜属 *Ixeris* Cass. ... 179
14. 橐吾属 *Ligularia* Cass. ... 179
15. 香青属 *Anaphalis* DC. ... 180
16. 火绒草属 *Leontopodium* R. Br. ... 181
17. 紫菀属 *Aster* L. ... 183
18. 紫菀木属 *Asterothamnus* Novopokr. ... 186
19. 短舌菊属 *Brachanthemum* DC. ... 186
20. 亚菊属 *Ajania* Poljak. ... 187
21. 菊属 *Chrysanthemum* L. ... 189
22. 蒿属 *Artemisia* L. ... 191

四十三　伞形科　Umbelliferae ... 199
1. 柴胡属 *Bupleurum* L. ... 199
2. 硬阿魏 *Ferula* L. ... 203

主要参考文献 ... 204

蕨类植物 Ferns

一、木贼科 Equisetaceae

木贼属 *Equisetum* L.

(1) 问荆 *Equisetum arvense* L.

多年生草本，高 20～50cm。生殖枝春季由根状茎上生出，无叶绿素。叶鞘漏斗状，鞘齿广披针形，棕褐色。孢子囊穗长椭圆形，钝头，有柄，孢子成熟后生殖枝枯萎。不育枝在孢子茎枯萎后生出，分枝轮生，棱脊上有横的波状隆起，沟内具 2～4 行气孔带；叶退化，下部连合成漏斗状的鞘，鞘齿披针形或 2～3 个齿连合成宽三角形，黑色，边缘膜质，灰白色。

宁夏全区普遍分布，多生于沟渠旁、田边或低洼湿地以及沟谷溪边。草甸草原优势种或伴生种。饲用价值中等，草质柔嫩，常年可采食，各类家畜均喜食。

(2) 木贼 *Equisetum hyemale* L.

多年生常绿草本，高 50～90cm。不育茎和生殖茎直立，较坚硬，不分枝或仅基部具分枝，中心孔大形，表面具 20～30 条棱脊，各棱脊具 2 行疣状突起，沟内各具 1 行气孔带。叶鞘圆筒形，紧抱于茎上，顶部及基部各有一黑褐色圈，中间灰绿色，鞘齿线状钻形，黑褐色，质厚，具 2 条棱脊，先端尖锐，易脱落。孢子囊穗长圆形，具小尖头，无柄。

产宁夏贺兰山和六盘山，生于沟渠旁、路边、砂石地或低洼湿地。饲用价值中等，草质柔嫩，春、秋两季牛、羊的放牧饲草。

（3）节节草 *Equisetum ramosissimum* Desf.

多年生草本，高30～120cm。根状茎匍匐，粗壮，黑色。地上茎直立，同形，灰绿色，分枝轮生，每轮2～5小枝，中心孔大形，表面具纵棱脊6～20条，狭而粗糙，各具1行疣状突起，或有小横纹，沟内具1～4行气孔带。叶鞘筒形，疏松，长为径的2倍，鞘齿短三角形，灰褐色，近膜质，具易脱落的膜质尖尾。孢子囊穗紧密，长圆形，具小尖头，无柄。

宁夏全区普遍分布，生于沟渠旁、路边、砂石地或低洼湿地。饲用价值中等，常年可采食，各类家畜均喜食。

二 碗蕨科 Dennstaedtiaceae

蕨属 *Pteridium* Gled. ex Scop.

蕨 *Pteridium aquilinum* var. *latiusculum* (Desv.) Underw. ex Heller Cat.

多年生草本，高可达1m。叶疏生，叶柄深禾秆色，基部密被锈黄色短毛，向上渐光滑；叶片卵形至卵状三角形，3回羽状分裂，第2回羽片互生，披针形，末回羽片互生，长圆形至短披针形，先端圆钝，全缘或基部羽片具圆钝裂片，上面无毛或边缘疏生柔毛，下面疏生柔毛。孢子囊群线形，沿叶边边脉着生，连续或间断，具两层囊群盖。

产宁夏六盘山、南华山、月亮山、固原叠叠沟、彭阳小黄峁山和西吉白崖、沙沟，生于向阳的温性草甸草原。饲用价值低等，放牧时一般家畜不主动采食，偶尔采食。

（林秦文拍摄）

裸子植物 Gymnosperms

三　麻黄科　Ephedraceae

麻黄属　*Ephedra* Tourn. et L.

（1）单子麻黄 *Ephedra monosperma* J.G.Gmel. ex C.A.Mey.

草本状矮小灌木，高5～15cm。木质茎短小，多分枝，弯曲并有结节状突起。叶2片对生，膜质鞘状。雄球花生于小枝上下各部，多呈复穗状，苞片3～4对，两侧膜质边缘较宽，假花被较苞片长，倒卵圆形，雄蕊7～8枚，花丝完全合生；雌球花单生或对生节上，苞片3对，雌花通常1朵，胚珠的珠被管较长而弯曲。雌球花成熟时肉质红色，卵圆形，最上一对苞片约1/2分裂；种子外露，1粒，三角状卵圆形。

产宁夏隆德县，生于多生于山坡石缝中。饲用价值中等，枯黄后羊、骆驼喜食其全株。

（2）斑子麻黄 *Ephedra rhytidosperma* Pachom.

垫状小灌木，高可达30cm。叶膜质鞘状，极小，中部以下合生，上部2裂，裂片宽三角形。雄球花在节上对生，假花被倒卵圆形；雌球花单生，具2对苞片，假花被粗糙，具横列碎片状细密突起，花被管先端斜直。种子2粒，1/3露出苞片，黄棕色，背部中央及两侧边缘有明显突起的纵肋，肋间及腹面有横列碎片状细密突起。

产宁夏贺兰山、牛首山和中卫香山地区，生于干旱山坡及山前滩地。饲用价值低等，青嫩期仅有骆驼、山羊和绵羊采食。

被子植物 Angiosperms

四 百合科 Liliaceae

1. 顶冰花属 *Gagea* Salisb.

少花顶冰花 *Gagea pauciflora* Turcz.

多年生草本，高8～28cm。基生叶1枚，细线形，高超出花葶；茎生叶1～3片，线状披针形，先端长渐尖。花1～3朵，排列成近总状花序；花被片狭长椭圆形；背部绿色，边缘黄色；雄蕊6枚；子房圆柱形，柱头3深裂，裂片几与花柱等长或稍长。蒴果近倒卵形。种子三角状，扁平。花期5～6月，果期6～7月。

产宁夏南华山、贺兰山、罗山、六盘山和香山，生于山坡草地。饲用价值良等，在荒漠草原上分布较广，单株产量低。

2. 百合属 *Lilium* (Tourn.) L.

山丹（细叶百合）*Lilium pumilum* Redouté

多年生草本，高20～50cm。鳞茎圆锥形或长卵形。茎直立。叶散生，狭线形，具1条明显的脉；无柄。花单生或数朵成总状花序，顶生；叶状苞片；花被片6片，深橘红色；雄蕊6枚，花丝细长；子房圆柱形，柱头3裂，开展。蒴果长椭圆形。花期7～8月，果期8～9月。

产宁夏贺兰山、罗山、香山、南华山、六盘山，生于向阳山坡。饲用价值中等，幼嫩期至初花期羊乐食，羊、马也采食。

五 兰科 Orchidaceae

角盘兰属 *Herminium* L.

裂瓣角盘兰 *Herminium alaschanicum* Maxim.

多年生草本，高 15～60cm。块茎近球形或椭圆形。茎直立。基部具 2～3 枚筒状鞘，其上具 2～4 片叶，叶片线状披针形，先端渐尖，基部渐狭成鞘状柄，抱茎；茎中上部具 3～4 片苞片状小叶，披针形，先端尾状渐尖。总状花序顶生；花小，绿色。花期 9 月。

产宁夏贺兰山及云雾山，生于山坡草地或林缘。

六 鸢尾科 Iridaceae

鸢尾属 *Iris* L.

（1）大苞鸢尾 *Iris bungei* Maxim.

多年生草本，高 15～25cm。叶条形，先端渐尖。花茎直立，具 2～3 片茎生叶，叶片呈苞状或较狭窄，基部鞘状抱茎；苞片 3 枚，草质，浅绿色或灰绿色，狭卵形；花蓝紫色。蒴果圆柱状狭长卵形，顶端具喙，具 6 条明显纵肋。花期 5 月，果期 7～8 月。

产宁夏贺兰山东麓山前洪积扇上及灵武、中卫、中宁、盐池等市县，生于沙质地或固定沙丘上。饲用价值中等，幼嫩期羊喜食；花期绵羊、山羊乐食，生长后期则不取食；秋霜后适口性增加，羊、骆驼喜食；马、驴、牛乐食。

（2）马蔺 *Iris lactea* Pall.

多年生草本，高 1m 以上。叶基生，线形或宽线形，先端渐尖，基部鞘状，常带紫红色；苞片 3~5 枚，草质，黄绿色，边缘膜质，白色，线状披针形，先端长渐尖，内含 2~4 朵花；花蓝紫色。蒴果圆柱形，具 6 条纵肋，顶端具喙。花期 5~6 月，果期 7~8 月。

宁夏全区普遍分布，生于山坡草地、路边、荒地及河边沙质地。饲用价值中等，青鲜时家畜多不采食；秋霜后山羊、绵羊、牛乐食。

（3）细叶鸢尾 *Iris tenuifolia* Pall.

多年生丛生草本，高 20~60cm。叶丝形，扭曲。花茎直立；苞片 4 枚，草质，边缘膜质，中肋明显，内含 2~3 朵花；花蓝紫色。蒴果宽椭圆形，红褐色，先端具短喙。花期 4~5 月，果期 7~8 月。

产宁夏贺兰山东麓洪积扇及中卫、青铜峡、海原等市（县），生于沙质地或路边。饲用价值中等，青鲜时，只有绵羊、山羊喜食其花和少量的嫩叶。

（4）粗根鸢尾 *Iris tigridia* Bunge ex Ledeb.

多年生丛生草本，高20~50cm。根状茎粗短，具多数须根，须根肉质。基生叶线形；苞片2枚，椭圆状披针形，膜质，急尖，常生1朵花；花冠蓝紫色，具须毛状附属物。蒴果椭圆形，具6棱，先端具喙。花期6月。

产宁夏中卫市，生于草地、沙质地及砾石滩地。

七　石蒜科　Amaryllidaceae

葱属　*Allium* L.

（1）矮韭 *Allium anisopodium* Ledeb.

多年生草本，高20~60cm。鳞茎近圆柱状，丛生，鳞茎外皮紫褐色、黑褐色或灰黑色，膜质。叶半圆柱状。伞形花序半球形，松散，花梗不等长；花被片淡紫色至紫红色，外轮花被片卵状长椭圆形，内轮花被片倒卵状长椭圆形；花丝近等长，内轮花丝基部扩大为卵圆形，扩大部分为花丝长的一半，外轮花丝基部稍扩大；子房卵球形。花期7~8月。

产宁夏贺兰山、香山及盐池等县，生于山坡、草地或沙丘上。饲用价值优等，山羊、马和骆驼均喜食。

石蒜科　Amaryllidaceae

（2）砂韭 *Allium bidentatum* Fisch. ex Prokh. & Ikonn.-Gal.

多年生草本，高10～30cm。鳞茎圆柱状，丛生，鳞茎外皮褐色至灰褐色，条状破裂。叶半圆柱状，较花葶短。伞形花序半球形，花密集；花梗近等长；花被片淡紫红色至红色，外轮花被片卵状椭圆形至卵形，内轮花被片矩圆形或椭圆状矩圆形，先端近平截，常具不规则小齿；花丝等长，略短于花被片，内轮花丝下部4/5扩展成卵状矩圆形，扩大部分每侧各具1钝齿，外轮花丝锥形；子房卵球形。花期7～9月。

产宁夏贺兰山冲积扇，生于沙地。饲用价值优等，羊、马、骆驼喜食，牛乐食。

（3）野葱 *Allium chrysanthum* Regel

多年生草本，高20～50cm。鳞茎圆柱状至狭卵状圆柱形，鳞茎外皮红褐色至褐色，薄革质，常条裂。叶圆柱状，中空，比花葶短。伞形花序球状，密集；小花梗近等长；花黄色至淡黄色；花被片卵状矩圆形；花丝比花被片长1/4至1倍，锥形，无齿，等长，在基部合生并与花被片贴生；子房倒卵球状，腹缝线基部无凹陷的蜜穴；花柱伸出花被外。花果期7～9月。

产宁夏固原市、海原县和罗山，生于海拔 2000～2300m 的山坡或草地上。饲用价值优等。

（4）天蓝韭 *Allium cyaneum* Regel

多年生草本，高 10～40cm。鳞茎圆柱形；鳞茎外皮暗褐色，老时破裂为纤维状，常呈不明显的网状。叶半圆柱状，上面具沟槽。伞形花序半球形，花 2 至多数，小花梗与花被片等长或长为其两倍，基部无小苞片；花被片天蓝色或蓝紫色，卵状椭圆形或卵形，内轮花被片稍长；花丝等长，内轮花丝基部扩展成狭三角形，无齿；子房近球形或倒卵形，基部具 3 个凹穴。花期 8～9 月。

产宁夏六盘山、南华山及罗山，生于山坡、草地。饲用价值中等，适口性好，营养丰富，牛、羊采食。

（5）短齿韭 *Allium dentigerum* Prokh.

多年生草本，高 15～35cm。鳞茎圆柱状，丛生，鳞茎外皮灰白色。叶半圆柱状，长为花葶的 1/2。伞形花序半球形至球形，多花；花梗近等长；花被片紫红色，外轮花被片卵形，内轮卵状椭圆形，先端钝圆，常有不规则小齿；花丝等长，略短于或等长于花被片，内轮花丝的中下部扩展成宽卵形，每侧各具 1 钝齿，外轮花丝锥形；子房倒卵球形，花柱稍长于子房。花期 8 月。

产宁夏六盘山，生于山坡草地。饲用价值中等，牛、羊采食。

石蒜科　Amaryllidaceae

（6）蒙古韭 *Allium mongolicum* Regel

多年生草本，高 10～30cm。鳞茎圆柱形，鳞茎外皮黄褐色，破裂成松散的纤维状。叶圆柱形至半圆柱形，较花葶短。伞形花序球形或半球形，多花；花梗近等长；花被片淡红色至紫红色，外轮花被片卵形，内轮花被片卵状椭圆形或卵形；花丝等长，内轮花丝基部近 1/2 扩展成卵形或卵球形。花期 7 月。

产宁夏贺兰山东麓山前冲积扇上及中卫、吴忠、平罗、盐池、灵武等市（县），生于沙地、沙砾地。饲用价值优等，羊、骆驼采食，有抓膘作用。

（7）碱韭 *Allium polyrhizum* Turcz. ex Regel

多年生草本，高 15～35cm。鳞茎圆柱形，丛生，鳞茎外皮黄褐色，破裂成纤维状，呈近网状。叶半圆柱形，较花葶短。伞形花序半球形，多花；花梗等长；花被片淡紫红色或紫红色，内轮花被片椭圆形或卵状椭圆形，外轮花被片卵状椭圆形；花丝等长，较花被片稍长或等长，基部合生，内轮花丝分离部分基部扩展，每侧各具 1 尖齿，外轮花丝分离部分锥形；子房卵球形。花期 7 月。

产宁夏贺兰山及同心、吴忠、石嘴山等市（县），生于山坡草地、沟谷和干河床。饲用价值优等，羊、骆驼喜食，能提高羊肉品质，是抓膘的优质草之一。

（8）甘青韭 *Allium przewalskianum* Regel

多年生草本。鳞茎柱状圆锥形，丛生，鳞茎外皮红棕色，破裂成纤维状，网状。叶半圆柱状至圆柱状。伞形花序球形或半球形，多花；花梗近等长；花被片深紫红色，内轮花被片椭圆形或椭圆状披针形，外轮花被片狭卵形或卵形，稍短；花丝等长，内轮花丝下部扩展，扩展部分长为花丝近一半，每侧各具1尖齿，外轮花丝锥形；子房近球形。花期7～8月。

产宁夏贺兰山及六盘山，生于山坡、灌丛或草地。饲用价值优等，春秋适口性好，各类家畜均喜食。

（9）野韭 *Allium ramosum* L.

多年生草本，高25～60cm。鳞茎近圆柱形，鳞茎皮暗黄色至黄褐色，破裂成纤维状、网状或近网状。叶三棱状线形，中空，较花葶短。伞形花序半球形，多花；花梗近等长；花被片淡红色，具深紫色中脉，内轮花被片倒卵状长椭圆形或长椭圆形，外轮花被片披针状长椭圆形；花丝等长；子房倒卵球形，具3圆棱。花期7月。

产宁夏六盘山及贺兰山，生于山坡、草地。饲用价值优等，各种家畜均喜食。

（10）细叶韭 *Allium tenuissimum* L.

多年生草本，高10～50cm。鳞茎近圆柱状，丛生，鳞茎外皮紫褐色至灰褐色，膜质。叶半圆柱状至近圆柱状，与花葶近等长，光滑。伞形花序半球形，花梗近等长；花被片白色或淡红色，外轮花被片倒卵状矩圆形，内轮花被片倒卵状楔形；花丝等长，内轮花丝基部扩展为倒卵圆形，扩展部分长为花丝的近一半，外轮花丝下基部略扩展；子房卵形。花期7～8月。

产宁夏贺兰山、麻黄山、南华山及同心、中卫、贺兰、平罗等市（县），生于山坡、草地或沙丘上。饲用价值中等，羊、牛、马、骆驼乐食。

八　天门冬科　Asparagaceae

天门冬属　*Asparagus* L.

（1）攀援天门冬 *Asparagus brachyphyllus* Trucz.

多年生攀援草本，长50～100cm。茎单一或2～3个丛生，常呈"之"字形弯曲；叶状枝4～10个成簇，近圆柱形，直伸或稍呈弧形，具纵棱，棱上具软骨质齿。花通常2朵腋生；雄花花丝中部以下贴生于花被片上。雌花较小。浆果成熟时红色。花期5～6月，果期7～8月。

产宁夏贺兰山、罗山和六盘山，生于向阳山坡、石缝或灌丛。饲用价值低等，适口性差，青嫩期只有山羊、绵羊采食；冬季仅羊采食。

（2）戈壁天门冬 *Asparagus gobicus* N.A.Ivanova ex Grubov

半灌木，高20～40cm。茎直立，灰白色，中上部强烈呈"之"字形弯曲，具纵条棱；叶状枝3～8个成簇，近圆柱形，具纵棱，微具软骨质齿，较刚硬；鳞片状叶卵状披针形，基部具短距，无硬刺。花1～2朵腋生。浆果成熟时红色。花期5月，果期6～7月。

产宁夏贺兰山东麓，生于砾石滩地或沙质地。饲用价值低等，在生育期仅绵羊、山羊喜食幼嫩枝条，结实后很少取食。

九　莎草科　Cyperaceae

薹草属　*Carex* L.

（1）干生薹草 *Carex aridula* V. I. Krecz.

多年生草本，高5~18cm。秆丛生，直立。叶片扁平或外卷。小穗2~3个，顶生小穗雄性，棒状，侧生小穗雌性，矩圆形或球形，上1个雌小穗与雄小穗接近，下1个稍疏远，无梗；苞片鳞片状，褐色，边缘膜质，最下1片刚毛状，无鞘；雌花鳞片宽卵形，先端尖，褐色，具1条脉，边缘宽膜质；果囊倒卵圆形，膨胀，钝三棱形，褐绿色，无脉，顶端急缩成短喙，喙口白色，斜裂。小坚果倒卵形，三棱形；柱头3裂。花果期5~7月。

产宁夏贺兰山、南华山、中卫香山及六盘山，生于高山草地。饲用价值优等，在生育期羊、马、牛喜食地上部分。

（2）细叶薹草 *Carex duriuscula* subsp. *stenophylloides* (V. I. Krecz.) S. Yun Liang & Y. C. Tang

多年生草本，高5～20cm。秆丛生。叶片扁平或内卷成针状，短于或长于秆。穗状花序卵形或矩圆形；小穗3～7个，密集，卵形，雄雌顺序；雄花鳞片长椭圆形，先端尖，棕褐色，边缘宽膜质；雌花鳞片卵形或宽卵形，先端尖，背部淡褐色，具1条明显隆起的脉，边缘宽膜质；果囊卵形或卵状椭圆形，平凸状，革质，淡褐色或紫褐色，具多数脉，顶端渐狭成喙，喙口膜质，具2齿，基部具短柄。小坚果卵形，褐色，双凸状，柱头2。花果期4～7月。

宁夏全区普遍分布，生于田边、路旁、荒地及沙质地。饲用价值中等，茎叶质地柔软，适口性好，羊、牛、马四季乐食。

（3）白颖薹草 *Carex duriuscula* subsp. *rigescens* (Franch) S.Y.Liang et Y.C.Tang

多年生草本，高5～20cm。叶短于秆，叶片平张，边缘稍粗糙。苞片鳞片状；穗状花序卵形或球形；小穗3～6，卵形，密生，雄雌顺序，少花；雌花鳞片宽卵形或椭圆形，锈褐色，具宽的白色膜质边缘，具短尖。果囊宽椭圆形或宽卵形，平凸状，革质，锈色或黄褐色，成熟时稍有光泽，多脉，基部有海绵状组织，柄粗短，喙短，喙缘稍粗糙，喙口白色膜质，斜截；小坚果近圆形或宽椭圆形。花柱基部膨大，柱头2。花果期4～6月。

宁夏全区普遍分布，生于山坡草地或沙丘上。饲用价值中等，茎叶质地柔软，适口性好，羊、牛、马四季乐食。

（4）黄囊薹草 *Carex korshinskyi* Kom.

多年生草本，高15～35cm。秆密丛生。苞片鳞片状，最下面的苞片顶端有的具长芒。小穗2～3(4)个，上面的雌小穗靠近雄小穗，最下面的雌小穗稍远离，顶生小穗为雄小穗，棒形或披针形，无柄；其余小穗为雌小穗，卵形或近球形，密生几朵至10余朵花，无柄。雄花鳞片披针形，顶端急尖或钝，膜质，淡黄褐色，边缘白色透明，具1条中脉；雌花鳞片卵形，顶端急尖，褐色，边缘白色透明，具1条中脉。果囊斜展，后期稍叉开，椭圆形或倒卵形，鼓胀三棱形，革质，鲜黄色，平滑，具光泽，顶端急缩为很短的喙，喙口斜截形或微缺。小坚果紧包于果囊内，椭圆状三棱形，灰褐色。花果期7～9月。

产宁夏贺兰山，生于海拔2000～2400m的山坡或林缘草地。

十　禾本科　Gramineae

1. 臭草属　*Melica* L.

（1）细叶臭草 *Melica radula* Franch.

多年生草本，高30～40cm。秆直立。叶舌短；叶片通常纵卷成线形。圆锥花序极狭窄；小穗通常含2个孕性小花，顶生不孕外稃结成球形或长圆形；颖几等长，长圆状披针形，先端尖，第一颖具1条脉，第二颖具3～5条脉，外稃披针形，先端稍钝，具7条脉，背部颗粒状，粗糙；内稃短于外稃，脊具短纤毛。花果期6～8月。

产宁夏贺兰山及盐池、西吉等县，生于山坡、路旁。饲用价值中等，牛、羊采食。

（林秦文拍摄）

（2）臭草 *Melica scabrosa* Trin.

多年生草本，高30～70cm。秆直立，丛生。叶舌透明膜质，顶端撕裂而两侧下延；叶片质较薄，扁平。圆锥花序狭窄；小穗含2～4朵孕性小花，顶部由数个不孕外稃集成小球形；颖几等长，膜质，具3～5条脉，背部中脉常生微小纤毛；外稃草质具7条脉，背部颗粒状，粗糙；内稃短于外稃或上部花中等长于外稃，倒卵形先端钝，脊具微小纤毛。花果期6～8月。

产宁夏贺兰山、六盘山、罗山及固原市，生于山坡、路边或荒地。饲用价值中等，幼嫩时茎、叶生物量大，适口性中等，山羊喜食，牛、马少量采食。

（3）抱草 *Melica virgata* Turcz. ex Trin.

多年生草本，高30～70cm。秆直立，丛生。叶舌干膜质，长约1mm；叶片质较硬，上面疏生柔毛。圆锥花序；小穗具2～3朵孕性小花，成熟后呈紫色，颖不相等，先端尖，第一颖卵形，具3～5条不明显的脉，第二颖宽披针形，具明显的5朵脉；外稃披针形，顶端钝，具7条脉，背部颗粒状，粗糙且具长糙毛；内稃略短于或等长于外稃，脊具微细纤毛。花果期7～8月。

产宁夏贺兰山，生于石质山坡或干旱山沟内。饲用价值中等，羊、牛、马喜食，但采食过多，会引起中毒。

2. 针茅属 *Stipa* L.

（1）狼针草 *Stipa baicalensis* Roshev.

多年生草本，高55~100cm。秆直立，丛生。秆生叶舌厚膜质，披针形，先端尖，两侧下延与叶鞘边缘结合；叶片纵卷成针形。圆锥花序基部常为叶鞘所包被；开展，分枝细弱；小穗灰绿色或成熟后呈紫褐色；颖近等长；芒2回膝曲，扭转，无毛，第一芒柱长3~5cm，第二芒柱长1.5~2.0cm，芒针长10~13cm。花果期6~8月。

产宁夏麻黄山、贺兰山和南华山，生于干旱山坡。饲用价值良等，春季适口性最好，夏、秋季乐食，一般牛、马、羊均喜食，羊次之。

（达来拍摄）

（2）短花针茅 *Stipa breviflora* Griseb.

多年生草本，高26~44cm。秆直立，丛生。叶舌膜质，圆钝；叶片纵卷成针状。圆锥花序稍开展，下部为叶鞘所包被，分枝细瘦，光滑，小穗灰绿色或淡紫褐色；颖近等长；芒2回膝曲，扭转，全体被长约1mm的白色柔毛，第一芒柱长10~15mm，第二芒柱长7~10mm，芒针长3~6cm，弧形弯曲。花果期5~6月。

宁夏全区普遍分布，生于干旱山坡、砾石滩地及沙质地。饲用价值优等，春季抽穗以前马、骆驼喜食，其次是羊，牛也乐食；枯黄后羊、骆驼、马喜食。

（3）长芒草 *Stipa bungeana* Trin. ex Bunge

多年生草本，高 40～60cm。秆直立，丛生。叶舌膜质，卵状披针形，先端尖，两侧下延与叶鞘边缘结合；叶片纵卷成针形。圆锥花序开展，分枝细长，2～5 个丛生；小穗灰绿色或成熟后呈淡紫色；颖等长或第一颖稍短；芒 2 回膝曲，扭转，无毛，第一芒柱长 10～15mm，第二芒柱长 5～8mm，芒针长 3～5cm。花果期 5～8 月。

产宁夏贺兰山及银川、中卫、盐池、同心、固原市原州区、海原、西吉、隆德、泾源等市（县），生于干旱山坡，砾石滩地及沙质地。饲用价值良等，春季返青后，山羊、绵羊、马喜食，牛次之。

禾本科　Gramineae

（4）沙生针茅 *Stipa caucasica* subsp. *glareosa* (P. A. Smirn.) Tzvelev

多年生草本，高 25～36cm。秆直立，丛生。叶鞘被密毛；秆生叶舌具纤毛或无毛；叶片纵卷成针状，下面粗糙。圆锥花序的基部通常包于疏松的叶鞘内，分枝简短，多仅具 1 小穗；颖近等长，芒长 6.5～8.5cm，全部生有长达 4mm 的白色长柔毛，1 回膝曲，芒柱扭转，长 1.0～1.5cm。花果期 5～7 月。

产宁夏贺兰山东麓山前洪积扇及同心、平罗等县，生于山坡、砾石滩地及沙质地。饲用价值优等，春季返青较早，各种家畜均喜食，有抓膘作用。

（5）大针茅 *Stipa grandis* P.A.Smirn.

多年生草本，高 50～100cm。秆直立，丛生。秆生叶舌膜质，先端圆，两侧下延与叶鞘边缘结合；叶片纵卷成针状。圆锥花序稍开展；小穗淡绿色或成熟后呈紫色；颖近等长；芒 2 回膝曲，扭转，无毛，边缘微粗糙，第一芒柱长 7～10cm，第二芒柱长 2.0～2.5cm，芒针长 11～18cm，丝状，卷曲。花果期 6～8 月。

产宁夏盐池、同心、中宁等市（县），生于干旱山坡和干旱草原。饲用价值良等，春季开花前各种家畜喜食。

（6）甘青针茅 *Stipa przewalskyi* Roshev.

多年生草本，高49～90cm。秆直立或斜升，丛生；秆生叶舌披针形，两侧下延与叶鞘边缘结合；叶片纵卷成针状。圆锥花序，分枝并生；小穗灰绿色，成熟后变紫色；两颖近等长；芒2回膝曲，扭转，角棱上具短刺毛，第一芒柱长1.1～2.5cm，第二芒柱长1.0～1.4cm，芒针长1.5～2.5cm。花果期5～6月。

宁夏广泛分布，生于山坡、砾石滩地或沙质地。饲用价值良等，抽穗前期具有较高饲用价值，马最喜食，其次是山羊、绵羊和牛。

（7）西北针茅 *Stipa sareptana* var. *krylovii* (Roshev.) P.C.Kuo & Y.H.Sun

多年生草本，高30～80cm。秆直立，丛生。叶舌膜质，先端尖，两侧下延与叶鞘边缘结合；叶片纵卷成针状。圆锥花序，其下部为叶鞘所包被，分枝2～4个，细弱，丛生；小穗草绿色，成熟时变紫色；颖近等长。芒2回膝曲，扭转，无毛，第一芒柱长2.0～2.5cm，第二芒柱长1.0～1.8cm，芒针长7～12cm，卷曲。花果期5～7月。

产宁夏贺兰山，生于干旱山坡或山坡草地。饲用价值良等，各种家畜喜食。

（达来拍摄）

（8）戈壁针茅 *Stipa tianschanica* var. *gobica* (Roshev.) P.C.Kuo et Y.H.Sun

多年生草本，高19～35cm。秆直立或斜升，丛生。叶舌膜质，具纤毛；叶片内卷成针形。圆锥花序，基部常包于疏松的叶鞘内；分枝简短，细弱，具1～2个小穗；小穗灰绿色或淡黄色。芒1回膝曲，芒柱扭转，长1.4～1.6cm，无毛，芒针长3.4～6.6cm，具长达3mm的白色长柔毛。花果期5～6月。

产宁夏贺兰山及海原等县，生于石质干旱山坡或石崖上。饲用价值优等，适口性好，各种家畜均喜食。

（9）石生针茅 *Stipa tianschanica* var. *klemenzii* **(Roshev.) Norl.**

多年生草本，高40～55cm。秆直立，丛生。叶舌膜质，具白色纤毛；叶片常内卷成针形。圆锥花序；芒1回膝曲，芒柱扭转，长2.5～3.0cm，无毛，芒针长达10cm，具长达5mm的白色长柔毛。花果期4～7月。

产宁夏贺兰山东麓洪积扇及青铜峡等市（县），生于砾石滩地或沙质地。饲用价值良等，牛、马、羊喜食。

3. 芨芨草属 *Achnatherum* **Beauv.**

（1）醉马草 *Achnatherum inebrians* **(Hance) Keng**

多年生草本，高40～100cm。秆直立，丛生。圆锥花序紧缩成线形，直立；小穗灰绿色，成熟后褐铜色或带紫色；颖近等长，先端尖常破裂，膜质，具3条脉；外稃顶端具微2个齿，背部遍生柔毛，具3条脉，基盘钝，被柔毛；芒中部以下稍扭转；内稃具2条脉，脉间被柔毛；颖果圆柱形。果期花7～8月。

产宁夏贺兰山及南华山，生于山坡草地。有毒植物，全株全年有毒，家畜一般不采食。

（2）毛颖芨芨草 Achnatherum pubicalyx (Ohwi) Keng f. ex P.C.Kuo

多年生草本，高70～120cm。秆直立。圆锥花序较紧密，但不成穗状，每节具3～4个分枝；小穗草绿色或带紫色；颖几等长或第二颖稍长，膜质，具3条脉，背部贴生短毛，第二颖毛较密；外稃背部密生长柔毛，具3条脉，基盘密生白色柔毛，芒1回膝曲，中部以下扭转，密生短毛或小刺毛，内稃与外稃等长或稍短于外稃。花果期7～10月。

产宁夏贺兰山，生于山谷草地、林缘、灌丛、路边。饲用价值中等，牛、马、羊均采食。

（3）羽茅 Achnatherum sibiricum (L.) Keng ex Tzvelev

多年生草本，高60～100cm。秆直立，丛生。叶舌膜质，长约1mm，顶端截平；叶片质较硬，通常纵卷。圆锥花序较紧密；小穗草绿色或变为紫色；颖等长或第二颖稍短，膜质，长圆状披针形，具3～4条脉；外稃顶端具微2个齿，背部遍生长柔毛，具3条脉；基盘顶端尖，密生柔毛；芒1回膝曲或不明显

2回膝曲，中部以下扭转；内稃具2条脉，脉间被柔毛，背部圆，无脊。花果期6～9月。

产宁夏贺兰山及银川、平罗、同心、泾源、隆德等市（县），生于山坡。饲用价值中等，春、夏季羊、马、牛采食。

（4）芨芨草 *Achnatherum splendens* (Trin.) Nevski

多年生草本，高50～250cm。秆直立，密丛生。叶舌膜质，先端尖，两侧下延与叶鞘边缘结合，叶片纵卷，无毛。圆锥花序开展；小穗灰绿色或带紫色；颖膜质，披针形或椭圆形，先端尖或锐尖，具1～3条脉，第一颖略短于或较第二颖短1/3；外稃具5条脉，背部密生柔毛，基盘钝圆，被柔毛，顶端具2裂齿，芒自裂齿间伸出，直立或微弯曲，不扭转，粗糙，易断落；内稃具2条脉。花果期6～8月。

宁夏广泛分布，多生于荒滩、沙质地、半固定沙丘上、路旁等处。饲用价值中等，春季、夏初嫩茎叶牛、羊喜食，夏季茎叶粗老，骆驼喜食，马次之，牛、羊不食。霜冻后各类家畜均采食茎叶。

4. 细柄茅属 *Ptilagrostis* Griseb.

中亚细柄茅 *Ptilagrostis pelliotii* (Danguy) Grub.

多年生草本，高15～30cm。秆直立，丛生。叶片质地较坚硬纵卷成针状；圆锥花序开展，分枝通常成对，细弱，小穗柄微弯曲；小穗含1朵花，枯黄色或淡绿色；颖狭披针形，近等长；外稃全体被白色柔毛，具5条脉，芒自顶端裂齿间伸出，羽毛状，弯曲或呈镰刀状；内稃披针形；雄蕊3枚；花柱2裂，羽毛状。花果期6～9月。

产宁夏贺兰山东麓洪积扇及平罗、贺兰、中卫等市（县），生于干旱的砾石荒漠上。饲用价值优等，茎叶柔软，适口性好，各类家畜喜食。

5. 短柄草属 *Brachypodium* Beauv.

短柄草 *Brachypodium sylvaticum*(Huds.) P. Beauv.

多年生草本，高40～60cm。秆细弱，直立，单生或少数丛生。叶舌质稍厚，先端截平，具纤毛；叶片上面疏被白色长柔毛。穗形总状花序，通常弯垂，小穗柄短；小穗含6～10朵小花；第一颖具3～5条脉，第二颖具5～7条脉，无毛；第一外稃具7条脉，先端具芒；内稃短于外稃，顶端截平，脊上具纤毛。子房顶端具毛。花果期7～9月。

产宁夏六盘山，生于山坡草地。饲用价值良等，各类家畜均喜食。

6. 雀麦属 *Bromus* L.

（1）无芒雀麦 *Bromus inermis* Leyss.

多年生草本，高50～80cm。秆直立，无毛。叶舌质硬；叶片质地较硬，无毛或背面疏被长柔毛。圆锥花序开展，每节具3～5个分枝；小穗含4～8朵小花；颖不等长，先端渐尖，边缘膜质，第一颖具1条脉，

第二颖具3条脉；外稃宽披针形，第一外稃具5～7条脉，脉上具短纤毛，先端稍钝，无芒或背部近顶端处生1根短芒；内稃短于外稃，脊上具纤毛。花果期6～8月。

产宁夏贺兰山、六盘山、南华山、月亮山及隆德、泾源等县，生于草地、河岸、路边、麦田。饲用价值优等，叶量大、适口性好，各类家畜均喜食。

（2）雀麦 *Bromus japonicus* subsp. *japonicus* Thunb.

一年生草本，高30～100cm。叶舌膜质，顶端具不规则的齿裂；叶片两面被白色柔毛。圆锥花序开展，向下弯垂，每节具3～7个分枝，每分枝近上部着生1～4个小穗；小穗幼时圆筒形，成熟后压扁，含7～14朵花；颖不等长，先端尖，边缘膜质，无毛；第一颖具3～5条脉，第二颖具7～9条脉；外稃椭圆形，边缘膜质，具7～9条脉，顶端具2个微小齿裂，其下着生芒；内稃较狭，短于外稃，脊上疏生刺毛。花果期6～8月。

产宁夏六盘山，生于山坡、路边、荒地。饲用价值良等，适口性较好，各类家畜均喜食。

7. 披碱草属 *Elymus* L.

（1）阿拉善披碱草 *Elymus alashanicus* (Keng) S. L. Chen

多年生草本，高40～60cm。秆疏丛生。叶鞘紧密裹茎，通常短于节间，无毛；叶舌透明膜质，截平；叶片坚韧直立，内卷成针状。穗状花序直立，细瘦；小穗贴生穗轴，淡黄色，含4～6朵花；颖矩圆状披针形，先端锐尖，边缘膜质，通常具3条脉；外稃披针形，先端锐尖或钝头，平滑，脉不明显或于近顶端处具3～5条脉，第一外稃顶端无芒，基盘无毛，内稃与外稃近等长。

产宁夏贺兰山及罗山，生于山坡。饲用价值中等，适口性良好，各类家畜四季乐食。

（2）黑紫披碱草 *Elymus atratus* (Nevski) Hand.-Mazz.

多年生草本，高40～60cm。秆疏丛生。叶片多少内卷，两面均无毛。穗状花序较紧密，曲折而下垂，长5～8cm；小穗多少偏于1侧，成熟后变成黑紫色，含2～3朵小花，仅1～2朵小花发育；颖甚小，几等长，狭长圆形或披针形，先端渐尖，具1～3条脉，主脉粗糙，侧脉不显著；外稃披针形，全部密生微小短毛，具5条脉，脉在基部不甚明显，第一外稃顶端延伸成芒，芒粗糙，反曲或展开；内稃与外稃等长。

产宁夏罗山，生于高山草甸。饲用价值良等，各类家畜四季乐食。

（3）纤毛披碱草 *Elymus ciliaris* (Trin.) Tzvelev

多年生草本，高45～70cm。秆直立。叶舌膜质，顶端截平，具齿；叶片扁平或内卷，两面无毛。穗状花序直立；小穗灰绿色，含7～10朵花；两颖不等长，长椭圆状披针形，先端具短尖头，具明显的5～7条脉，边脉及边缘具纤毛；外稃椭圆状披针形，背部被柔毛，边缘具长纤毛，上部具明显5条脉，顶端两侧或一侧具1个小齿，第一外稃粗糙，向外反曲，内稃倒卵状长椭圆形，长为外稃的2/3，先端圆，脊上具短毛。花果期6～7月。

产宁夏泾源县，生于路旁及山坡草地。饲用价值良等，牛、羊等牲畜喜食。

（4）披碱草 *Elymus dahuricus* Turcz. ex Griseb.

多年生草本，高50～80cm。秆直立，丛生。叶舌截平；叶片下面无毛，上面疏被长柔毛。穗状花序直立；穗轴各节着生2个小穗，近顶端及基部各节着生1个小穗；小穗含3～5朵花；颖披针形或线状披针形，先端长渐尖至具短芒，具3～5条脉；外稃披针形，5条脉，全体被短小糙毛，顶端延伸成芒，芒向外开展，内稃等长于外稃。花果期5～11月。

产宁夏贺兰山、罗山、六盘山及银川、中卫、固原市原州区、泾源、隆德等市（县），生于荒地、路边、山坡草地。饲用价值中等，各类家畜均喜食。

（5）圆柱披碱草 *Elymus dahuricus* var. *cylindricus* Franchet

多年生草本，高60～80cm。秆直立。叶舌极短；叶片扁平上面粗糙，两面无毛。穗状花序直立，每节具2个小穗，顶端各节仅具1小穗；小穗绿色或稍带紫色，通常含2～3朵花，仅1～2朵花发育；颖披针形至线状披针形，3～5条脉，先端渐尖或具短芒；外稃披针形，全体被微小短毛，第一外稃具5条脉，顶端具芒，直立或稍开展；内稃与外稃等长。花果期7～9月。

产宁夏贺兰山、南华山及中卫、同心等市（县），生山坡草地、路边。饲用价值良等，从返青至开花前，适口性良好，马、牛、羊均喜食。

（林秦文拍摄）

（6）岷山披碱草 *Elymus durus* (Keng) S. L. Chen

多年生草本，高70～80cm。秆直立，单生或疏丛生。叶舌截平；叶片边缘内卷。穗状花序下垂；小穗带紫色；第一颖具1～3条脉，第二颖具3～4条脉；外稃具5条脉，脉上具短硬毛，基盘两侧具短毛；第一外稃向外弯曲，内稃先端具短纤毛，脊上具硬毛。花果期8～10月。

产宁夏贺兰山，生于山坡草地。

（7）垂穗披碱草 *Elymus nutans* Griseb.

多年生草本，高 40～60cm。秆直立。穗状花序较紧密，小穗的排列多少偏于一侧，通常曲折而先端下垂，穗轴每节通常具 2 小穗，近顶端各节仅具 1 个小穗，基部 1～2 节上的小穗不发育；小穗成熟后带紫色，含 3～4 朵花，通常仅 2～3 朵花发育；小穗密生微毛；颖长圆形，先端渐尖或具短芒，具 3～4 条脉；外稃披针形，具 5 条脉，全部被微短毛，开展或外曲，内稃等长于外稃。花果期 7～10 月。

产宁夏贺兰山、六盘山、南华山、月亮山及中卫、贺兰等市（县），生于山坡草地及路边。饲用价值良等，各类家畜四季喜食。

（8）紫芒披碱草 *Elymus purpuraristatus* C. P. Wang et H. L. Yang

多年生草本，高达 160cm。秆较粗壮，全体被白粉。叶舌先端钝圆；叶片常内卷。穗状花序直立或微弯曲，细弱，较紧密，粉紫色；小穗粉绿带紫色，含 2～3 朵小花，小穗轴密生微毛；颖披针形或线状披针形，先端芒，具 3 条脉，脉上具短刺毛，边缘、先端和基部均具红色小点；外稃被毛和紫红色小点，顶端芒，带紫色，被毛，外稃与内稃近等长或稍长。花果期 7～9 月。

产宁夏隆德县，生于山坡草地、路边。饲用价值良等，各类家畜均喜食。

（9）紫穗披碱草 *Elymus purpurascens* (Keng) S. L. Chen

多年生草本，高60～90cm。秆单生或疏丛生。叶舌截平；叶片内卷，下面无毛，上面被毛。穗状花序下垂，穗轴节间棱边粗糙；小穗微紫色，含4～7朵小花；颖长圆状披针形，先端锐尖，具3～5条脉；外稃披针形，背部粗糙或被微小硬毛，上部具5条脉，粗糙，向外反曲，带紫色，内稃与外稃近等长。花期7月。

产宁夏六盘山及固原市原州区、隆德县，生于山坡或林缘草地。

（10）老芒麦 *Elymus sibiricus* L.

多年生草本，高60～90cm。秆直立，丛生或单生。叶片扁平。穗状花序较疏松下垂，通常每节着生2个小穗，有时基部和上部各节仅着生1个小穗；穗轴边缘粗糙至具小纤毛；小穗灰绿色或带紫色，含3～5朵花，小穗轴密生微毛；颖狭披针形，具3～5条脉，脉上粗糙，先端渐尖或具短芒；外稃披针形，全部密生微毛，具5条脉，脉在基部不甚明显，芒开展或向外反曲；内稃与外稃几等长，先端2裂，脊上全部具小纤毛。花果期6～9月。

产宁夏贺兰山及六盘山，多生于路边或山坡草丛中。饲用价值良等，适口性好。马、牛、羊均喜食。

（11）肃草 *Elymus strictus* (Keng) S. L. Chen

多年生草本，高 50～60cm。秆直立，丛生。叶舌短，截平；叶片质较硬，内卷或扁平。穗状花序顶生，穗劲直，穗轴节间边缘粗糙；小穗灰绿色，含 5～8 朵小花；颖长圆状披针形，先端渐尖或具小尖头，通常具 7 条明显强壮的脉；外稃披针形，背部平滑，基部两侧近边缘具微毛，上部具 5 条脉，基盘被微毛，芒粗糙，向外弯曲；内稃与外稃等长，先端截平或微凹，脊的上部具小刺毛，上部脊间被稀疏小短毛；花药黄色。花期 7 月。

产宁夏六盘山、贺兰山及固原市原州区、隆德县，生于山坡、路边。饲用价值良等，各类家畜喜食。

（12）麦䕞草 *Elymus tangutorum* (Nevski) Handel-Mazzetti

多年生草本，高 60～120cm。秆直立，丛生，粗壮。叶舌截平；叶片扁平。穗状花序直立，较紧密；穗轴边缘具小纤毛，每节通常着生 2 个小穗，近顶端各节仅着生 1 个小穗；小穗绿色，含 3～4 朵花；小穗轴节间密生微毛；颖披针形至线状披针形，具 5 条脉，先端渐尖或具长 1～3mm 的短芒；外稃披针形，上部被微小短毛，下部几无毛，具 5 条脉，第一外稃顶端具芒，内稃与外稃等长，先端钝，脊上具纤毛。花果期 7～9 月。

产宁夏贺兰山及南华山，生于荒地、路边、山坡草地。饲用价值良等，各种牲畜喜食。

（林秦文拍摄）

8. 赖草属 *Leymus* Hoch.

（1）窄颖赖草 *Leymus angustus* (Trin.) Pilg.

多年生草本，高35～100cm。秆直立，单生。叶舌膜质，先端圆形，具裂齿；叶片质地坚硬，内卷，先端呈锥状。圆锥花序直立，每节上着生2～3个小穗，小穗被短绒毛，含2～3朵小花；颖线状披针形，两颖等长或第一颖稍短，下部稍扩展，具宽的膜质边缘，覆盖外稃基部，先端呈芒状，粗糙或边缘具短纤毛，背部具1条不明显的脉，无毛；外稃披针形，背部无毛，两侧贴生短毛，上部具不明显的5～7条脉，先端延伸成芒，基盘被毛；内稃与外稃等长，脊上粗糙。花期6月。

产宁夏银川市和盐池县，生长于沙质地。饲用价值优等，再生力强，适口性好，各类家畜均喜食。

（2）羊草 *Leymus chinensis* (Trin.) Tzvelev

多年生草本，高40～90cm。秆散生，直立，具4～5节。叶舌截平，顶具裂齿，纸质；叶片扁平或内卷。穗状花序直立；穗轴边缘具细小睫毛；小穗含5～10朵小花，通常2枚生于1节，或在上端及基部者常单生，粉绿色，成熟时变黄；小穗轴节间光滑；颖锥状，等于或短于第一小花，不覆盖第一外稃的基部，质地较硬，具3条不显著脉，背面中下部光滑，上部粗糙，边缘微具纤毛；外稃披针形，具狭窄膜质的边缘，顶端渐尖或形成芒状小尖头，背部具5条不明显的脉，基盘光滑；内稃与外稃等长，先端常微2裂，上半部脊上具微细纤毛或近于无毛；花果期6～8月。

产宁夏南华山和哈巴湖，生于平原绿洲。饲用价值优等，各类家畜均喜食。

（刘冰拍摄）

（3）赖草 *Leymus secalinus* (Georgi) Tzvelev

多年生草本，高45~90cm。具下伸或横生的根茎。秆直立，单生或疏丛生，质地坚硬，具2~3节。叶鞘短于节间，无毛或上部边缘具纤毛；叶舌膜质，截平；叶片扁平或内卷。穗状花序直立，穗轴被柔毛，每节着生2~3个小穗，稀1或4个小穗；小穗1~4枚生于每节，含4~8朵小花，小穗轴被微柔毛；颖锥形，先端狭窄呈芒状，具1条脉，上半部粗糙，第一颖短于第二颖；外稃披针形，下部两侧被柔毛，先端延伸成芒，上部具5条脉，基盘被毛，内稃与外稃等长，先端微2裂，上半部脊上具短纤毛。花期6~7月。

宁夏全区普遍分布，生于山坡、丘陵、沙地、荒地、路边。饲用价值中等，抽穗前期山羊、绵羊、牛、骆驼喜食；抽穗后，适口性降低。

9. 冰草属 *Agropyron* Gaertn.

（1）沙芦草 *Agropyron mongolicum* Keng

多年生草本，高25~70cm。秆直立或基部节膝曲。叶舌干膜质，先端截平，具小纤毛；叶片内卷或扁平，先端渐尖，上面及边缘粗糙，背面光滑。穗状花序；穗轴节间，有时基部节间，光滑；小穗具5~8朵花，小穗轴节无毛；两颖不等长，先端尖，边缘膜质，具3~5条脉；外稃光滑或上部边缘微被毛，先端尖或具小尖头，具5条脉，内稃等长于外稃或略长于外稃，先端钝，脊上具短纤毛；花药黄色，线形。花果期7~8月。

产宁夏贺兰山及盐池、灵武、同心等市（县），生于干旱山坡或沙地。饲用价值优等，早春时羊、牛、马等各类牲畜所喜食，抽穗以后适口性降低。

（2）冰草 *Agropyron cristatum* (L.) Gaertn.

多年生草本，高25～60cm。须根具沙套。秆疏丛生。叶舌干膜质，顶端截平，具微小齿；叶片扁平或边缘内卷，上面被长柔毛或粗糙，背面疏被柔毛或光滑。穗状花序直立，卵状椭圆形、卵状长椭圆形或长椭圆形，穗轴节间，密生短柔毛；小穗紧密排列2行呈篦齿状，具7～8朵花；颖舟形，边缘膜质，背面被长柔毛；外稃背部被柔毛，基盘圆钝，内稃与外稃等长，脊上具短纤毛，顶端2裂；花药黄色。花果期6～9月。

产宁夏贺兰山、南华山及同心、盐池、中卫等市（县），生于干旱山坡。饲用价值优等，在幼嫩时马、羊、牛和骆驼最喜食。

10. 剪股颖属 *Agrostis* L.

巨序剪股颖 *Agrostis gigantea* Roth

多年生草本，高 20～65cm。秆直立。叶舌膜质，长圆形，先端齿裂，背面稍粗糙；叶片扁平，两面及边缘具小刺毛，粗糙。圆锥花序开展，绿紫色，每节具 (2)3～5 个分枝，分枝斜升或上举，粗糙，下部常裸露；小穗柄粗糙，先端膨大；两颖近等长或第一颖稍长，先端尖，具 1 条脉，脊上粗糙；外稃具 5 条脉，顶端钝，无芒，内稃长为外稃的 2/3，具 2 条脉；花药黄色。花果期 6～9 月。

产宁夏贺兰山及南华山，生于湿润草地或水边。饲用价值优等，各类家畜四季喜食。

（刘冰拍摄）

11. 黄花茅属 *Anthoxanthum* L.

光稃香草 *Anthoxanthum glabrum* (Trin.) Veldkamp

多年生草本，秆高 15～22cm。叶舌透明膜质，先端啮蚀状；叶片披针形，质较厚，上面被微毛。圆锥花序；小穗黄褐色，有光泽；颖膜质，具 1～3 条脉，等长或第一颖稍短；雄花外稃等长或较长于颖片，背部向上渐被微毛或几乎无毛，边缘具纤毛；两性花外稃锐尖，上部被短毛。花果期 6～9 月。

产宁夏银川、中卫和六盘山，生于山坡或湿润草地。饲用价值优等，各类家畜四季喜食。

12. 落草属 *Koeleria* Persoon

落草 *Koeleria macrantha* (Ledeb.) Schult.

多年生草本，高25～35cm。秆直立，密丛生。叶舌膜质，顶端截平或边缘呈细齿状；叶片灰绿色，狭窄，常内卷或扁平。圆锥花序紧缩呈穗状或具凹缺，下部有间断，有光泽，草绿色或带紫色，主轴及分枝均被柔毛；小穗含2～3朵小花，无毛；小穗轴被微毛或近无毛；颖倒卵状长圆形或长圆状披针形，先端尖，边缘宽膜质，脊上粗糙，第一颖具1条脉，第二颖具3条脉，外稃披针形，具3条脉，先端尖，边缘膜质，无芒，内稃稍短于外稃，先端2裂。花果期6～7月。

产宁夏贺兰山、罗山、南华山、六盘山，生于山坡、草地、路边。饲用价值良等，各类家畜喜食。

13. 异燕麦属 *Helictotrichon* Bess.

（1）高异燕麦 *Helictotrichon altius* (Hitchc.) Ohwi

多年生草本，高100～120cm。秆较粗壮，直立。叶舌膜质，截平；叶片扁平。圆锥花序开展，基部各节具4～6个分枝，下部裸露，上部具1～4个小穗；小穗含3～4朵小花，顶花甚小且退化，小穗轴节间背部具柔毛；颖膜质，第一颖具1条脉，第二颖具3条脉；第一外稃等长于第二颖，具7条脉，基盘具白色长柔毛，芒自稃体中部以上伸出，约在下部1/3处膝曲，芒柱扭转；内稃甚短于外稃，脊上具微纤毛。花期7月。

产宁夏六盘山，生于山坡草地。饲用价值良等，牛、马、羊喜食。

(2) 异燕麦 *Helictotrichon hookeri* (Scribn.) Henrard

多年生草本，高30~70cm。须根细弱。秆直立，丛生。叶舌透明薄膜质，先端尖；叶片扁平，两面均粗糙，先端渐尖，边缘软骨质，粗糙，两面无毛。圆锥花序顶生，紧缩，穗轴粗糙，每节上着生1~2个小穗；小穗含3~5朵小花；小穗柄被短柔毛；颖披针形，上部膜质，下部近草质，先端渐尖，两颖基部均具3条脉；外稃披针形，上部透明膜质，下部近草质，具7条脉，第一外稃芒自稃体中部稍上处伸出，下部1/3处膝曲，芒柱扭转，基盘具长柔毛；内稃短于外稃，第一内稃脊上具短纤毛，花药长约4mm，子房上部被短毛。花期6月。

产宁夏月亮山，生于山坡草地。饲用价值中等，马、牛、羊等各类家畜均喜食。

(3) 蒙古异燕麦 *Helictotrichon mongolicum* (Roshev.) Henrard

多年生草本，高10~60cm。秆直立，丛生。秆生叶舌较短，平截，顶端被微毛；叶片窄线形，常纵卷。圆锥花序常偏向1侧，紧缩或稍开展，每节常具2枚分枝，分枝短，被短毛；小穗披针形，含3枚小花，顶花常退化，淡褐色带紫红色或稻黄色带紫红色，小穗轴节间被柔毛；颖近相等，紫红色，披针形，先端长渐尖，边缘膜质，第一颖具1条脉，第二颖具3条脉；外稃狭披针形，具5~7条脉，先端齿裂，基盘被较短的毛，芒自稃体中部伸出，膝曲，芒柱扭转；内稃较外稃稍短，2脊粗糙；雄蕊3枚，花药黄色或稍带紫色；子房顶端密被柔毛。花果期6~9月。

产宁夏贺兰山，生于高山林下、亚高山草甸及河岸山坡。饲用价值良等，各类家畜均喜食。

（4）光花异燕麦 *Helictotrichon leianthum* (Keng) Ohwi

多年生草本，高70cm。秆直立，密丛生。叶鞘疏弛，通常长于节间，无毛；叶舌膜质，截平；叶片直立或斜升，下面无毛，上面被极短微柔毛。圆锥花序下垂，分枝细弱，下部裸露，上部具1～4个小穗；小穗含3～4个小花，小穗轴节间仅上部被柔毛；颖光滑无毛，第一颖具1条脉，第二颖具3条脉；第一外稃具7条脉，基盘被短毛，芒自稃体上部2/5处伸出，其下部1/3处稍膝曲，芒柱稍扭转；内稃窄狭，甚短于外稃，脊上具纤毛。花期7月。

产宁夏六盘山及固原市，生于山坡林缘或山谷中。饲用价值良等，牛、马、羊喜食。

14. 羊茅属 *Festuca* L.

（1）羊茅 *Festuca ovina* L.

多年生草本，高15～20cm。秆细瘦，直立，密丛生。叶舌膜质，通常宽出叶片呈耳状；叶片纵卷成针形。圆锥花序较紧缩，每节具1～2个分枝，分枝与小穗柄均具微毛，小穗灰绿色，含3～6朵花，小穗轴节间被微毛；颖披针形，先端渐尖，背面上部疏被微毛，第一颖具1条脉，第二颖具3条脉；外稃长圆状披针形，先端渐尖，边缘及背面上部具微毛，第一外稃具5条脉，无芒或具小尖头；内稃与外稃等长，脊上粗糙，脊间具微毛。花果期6～7月。

产宁夏六盘山，生于向阳山坡草地。饲用价值优等，各种家畜均喜食。

（林秦文拍摄）

（2）紫羊茅 *Festuca rubra* L.

多年生草本，高70cm。秆直立，疏丛生或单生。叶舌极短，顶端裂成齿牙状；叶片扁平或对折，两面光滑。圆锥花序开展，每节具1~2个分枝，分枝与小穗柄均具微毛；小穗淡紫色，含3~6朵花；颖狭披针形，先端渐尖，第一颖具1条脉；外稃长圆形，具不明显的5条脉，近边缘及上半部被微毛，第一外稃先端微具2个齿；内稃与外稃近等长，脊上部微粗糙，脊间被微毛，向基毛渐少或近于无毛。花果期6~8月。

产宁夏六盘山，生于山坡草地。饲用价值优等，各种家畜均喜食。

（3）毛稃羊茅 *Festuca rubra* subsp. *arctica* (Hack.) Govor.

本亚种与正种的区别在于外稃背部密被柔毛，高70cm。产地与生境同正种。饲用价值优等，各种家畜均喜食。

15. 早熟禾属 *Poa* L.

（1）草地早熟禾 *Poa pratensis* L.

多年生草本，高25~75cm。秆疏丛生，直立。叶舌膜质，蘖生者较短；叶片线形，扁平或内卷。圆锥花序金字塔形或卵圆形；分枝开展，每节3~5枚，微粗糙或下部平滑，二次分枝，小枝上着生3~6枚小穗，基部主枝长5~10cm，中部以下裸露；小穗柄较短；小穗卵圆形，绿色至草黄色，含3~4朵小花；颖卵圆状披针形，顶端尖，平滑，有时脊上部微粗糙，第一颖具1条脉，第二颖具3条脉；外稃膜质，顶端稍钝，具少许膜质，脊与边脉在中部以下密生柔毛，间脉明显，基盘具稠密长绵毛；内稃较短于外稃，脊粗糙至具小纤毛。颖果纺锤形，具3棱。花期5~6月，果期7~9月。

产宁夏贺兰山及六盘山，生于山坡、路边、草地。饲用价值优等，各种家畜均喜食。

（2）硬质早熟禾 *Poa sphondylodes* Trin.

多年生草本，高20~40cm。秆直立，密丛生。叶舌膜质，先端锐尖；叶片狭窄，扁平。圆锥花序稠密且紧缩，下部各节具4~5个分枝，上部者仅具2~3个分枝，侧枝极短，其基部即着生小穗；小穗柄短于小穗；小穗绿色，成熟后草黄色，含4~6朵小花；颖披针形，先端锐尖，第一颖稍短于第二颖，具3条脉；外稃披针形，先端具极狭膜质，膜质下常黄铜色，具5条脉，间脉不明显，脊下部2/3及边脉下部1/2具长柔毛，基盘具中量绵毛；内稃等长于外稃或上部小花中则稍长于外稃，先端微凹，脊上粗糙以至具极微小的纤毛。花果期6~8月。

产宁夏贺兰山、南华山及固原市原州区、西吉、海原等县，生于山坡、路边、草地。饲用价值中等，各种家畜均喜食嫩茎和叶。

16. 三芒草属 *Aristida* L.

三芒草 *Aristida adscensionis* L.

一年生草本，高 20～40cm。秆具分枝，丛生，直立或基部膝曲，无毛。叶鞘大都短于节间，光滑无毛；叶舌短小，具白色纤毛；叶片，常纵卷成针状，上面稍粗糙，下面光滑。圆锥花序长 7～15cm，分枝细弱，直伸；小穗线形，常带紫红色，颖膜质，具 1 条脉，脉上粗糙；外稃与第二颖等长，具 3 条脉，中脉上粗糙；芒粗糙，侧芒较短，基盘尖，被毛。花果期 5～8 月。

产宁夏贺兰山东麓山前洪积扇及同心、盐池等县，生于荒漠及干旱山坡。饲用价值中等，山羊、绵羊、骆驼和马均喜食。

17. 九顶草属 *Enneapogon* Desv. ex P. Beauv.

九顶草 *Enneapogon desvauxii* P. Beauv.

一年生草本，高达 35cm。秆密丛生，直立或节膝曲，被柔毛，基部鞘内常隐藏小穗。叶鞘多短于节间，密被柔毛；叶舌极短，顶端具柔毛；叶片狭线形，卷折，两面被短柔毛。圆锥花序穗状，铅灰色；小穗通常含 2 朵小花，小穗轴节间无毛；颖质薄，披针形，先端尖，被短柔毛，具 3～5 条脉；第一外稃疏被短柔毛，边缘毛密而长，基盘尖，被长柔毛，顶端具 9 条直立的羽状芒；内稃与外稃等长，具 2 条脊，脊上疏生纤毛。花果期 5～10 月。

产宁夏贺兰山山麓砾石滩地及石嘴山、银川、中卫等市（县）。饲用价值良等，各种家畜均采食。

18. 画眉草属 *Eragrostis* Beauv.

（1）小画眉草 *Eragrostis minor* Host

一年生草本，高 15～50cm。杆纤细，丛生。叶舌为一圈纤毛；叶片线形，主脉及边缘具腺体，表面粗糙或疏生柔毛。圆锥花序开展，分枝单生，腋间无毛，小穗柄具腺体；小穗长圆形，含 4 至多数花；颖锐尖，近等长或第一颖稍短，通常具 1 条脉，脉上常具腺体；外稃宽卵圆形，先端钝，侧脉明显，光滑无毛，主脉上亦常具腺体；内稃稍短于外稃，脊上具极短的纤毛。花果期 6～8 月。

宁夏普遍分布，生于荒地、路边、田埂、草地。饲用价值优等，青鲜时羊喜食，马和牛乐食，夏、秋季骆驼乐食。

（2）画眉草 *Eragrostis pilosa* (L.) P.Beauv.

一年生草本，高 15～60cm。秆密丛生。叶舌干膜质，顶端截平，具短纤毛；叶片线形扁平或卷缩，上面粗糙，下面平滑。圆锥花序开展或紧缩，分枝稍粗涩，基部分枝轮生，枝腋间无柔毛；小穗成熟后暗紫色或带紫色，含 3～14 朵小花；颖不等长，膜质，先端钝或第二颖稍尖，第一颖常无脉，第二颖具 1 条脉；外稃先端尖或钝，侧脉不明显；内稃作弓形弯曲，雄蕊 3 枚。花果期 5～8 月。

产宁夏银川、贺兰、平罗、永宁等市（县），生于荒地、路边或渠沟旁。饲用价值良等，牛、羊、马喜食。

19. 虎尾草属 *Chloris* Swartz

虎尾草 *Chloris virgata* Sw.

一年生草本，高 12～75cm。根须状。秆丛生。叶舌长约 1mm，具小纤毛；叶片扁平或折卷。穗状花序，4～10 余个成指状簇生于茎顶；小穗无柄，紧密地覆瓦状排列于穗轴的一侧；颖膜质，具 1 条脉，具短芒；第一外稃具 3 条脉，两边脉上被长柔毛，中部以上的毛约与稃体等长，芒自顶端以下伸出；内稃膜质稍短于外稃；第二小花不孕，存于外稃，顶端截平。花果期 6～10 月。

宁夏普遍分布，生于沙质地或荒滩。饲用价值中等，幼嫩期马、牛、羊、骆驼喜食。

20. 草沙蚕属 *Tripogon* Roem. et Schult.

中华草沙蚕 *Tripogon chinensis* (Franch.) Hack.

多年生草本，高 10～30cm。须根稠密。秆直立，细弱，紧密丛生。叶舌膜质，长约 0.5mm，具纤毛；叶片狭线形，常内卷成细针状。穗状花序细瘦，穗轴无毛；小穗黑绿色，含 2～8 朵花；颖质薄，第一颖长约 3mm，先端尖，第二颖具 1 条脉，脉延伸成小尖头；外稃质薄，近膜质，具 3 条脉，主脉延伸成芒，基盘具长柔毛；内稃与外稃等长或稍短于外稃。花果期 7～9 月。

产宁夏贺兰山、罗山、银川、灵武、同心、中宁、青铜峡等市（县），生于山坡、路边及沙质地。饲用价值中等，羊、牛、马四季喜食。

21. 锋芒草属　*Tragus* Haller

锋芒草 *Tragus mongolorum* Ohwi

一年生草本，高15～25cm。秆斜升或平卧地面。叶舌具柔毛；叶片长3～8cm，边缘具刺毛。花序紧密呈穗状；小穗通常2个簇生而常具第三个退化小穗；第一颖退化，薄膜质，微小，第二颖革质，背部具5条肋刺，顶端具伸出刺外的尖头；外稃膜质，具3条不明显的脉纹；内稃较外稃稍短而质薄，脉不明显。颖果棕褐色，稍扁。花果期6～8月。

产宁夏北部荒漠草原，生于山坡、沙地、田边、道旁。饲用价值中等，各类家畜四季采食。

22. 隐子草属　*Cleistogenes* Keng

（1）丛生隐子草 *Cleistogenes caespitosa* Keng

多年生草本，高20～45cm。秆丛生，直立，无毛。叶鞘除鞘口具白色长柔毛外，其余无毛，下部短于节间，上部常长于节间；叶舌为一圈纤毛；叶片线形，背面平滑无毛，上面稍粗糙，通常内卷或下部扁平。圆锥花序开展，分枝，粗涩，斜升或平展；小穗通常含3～5朵花；颖不等长，膜质而稍透明，第一颖先端尖或钝，具1条脉或无脉，第二颖先端尖，具1条脉；外稃具5条脉或间脉不太明显，边缘疏生柔毛，第一外稃先端具小短芒；内稃等长或稍长于外稃，脊上部粗涩。花果期7～8月。

产宁夏须弥山和贺兰山，生于干旱山坡。饲用价值优等，各类家畜喜食。

（刘冰拍摄）

（2）无芒隐子草 *Cleistogenes songorica* (Roshev.) Ohwi

多年生草本，高15～50cm。秆直立，具多节，密丛生，无毛。叶鞘长于节间，无毛，稍口处具柔毛；叶舌短，顶端截形，边缘具短纤毛；叶片扁平或先端内卷，上面及边缘粗糙，背面光滑。圆锥花序开展，下部各节具1个分枝，枝腋间具白色长柔毛；小穗含3～8朵小花，成熟时带紫色；颖不等长，膜质，先端尖，具1条脉；外稃质较薄，上部边缘宽膜质，具5条脉，主脉及边脉疏生长柔毛，基盘疏生短毛，先端无芒或具小尖头，第一外稃具5条脉，先端无芒或具短尖头；内稃与外稃等长或稍短，脊下部具长纤毛，上部具短纤毛或粗糙，顶端近平滑；雄蕊3，花药黄色或带紫色。花果期7～9月。

产宁夏贺兰山、罗山及银川、吴忠、中卫、青铜峡等市（县），生于干旱山坡或草地。饲用价值优等，各类家畜喜食。

（3）糙隐子草 *Cleistogenes squarrosa* (Trin.) Keng

多年生草本，高10～30cm。秆密生，光滑无毛，具多节，经霜后变成紫红色，干后卷曲作蜿蜒状。叶鞘长于节间，层层包裹直达花序基部；叶舌为1圈很短的纤毛；叶片通常内卷，糙涩。圆锥花序狭窄，分枝单生，各分枝疏生2～5个小穗；小穗含2～3朵小花，绿色或带紫色；颖不等长，通常具1条脉，边缘宽膜质，无毛，脊上粗糙；外稃具5条脉，或间脉不明显而具3条脉，近边缘处常具柔毛，先端微2裂，主脉延伸成较稃体短的芒，基盘具短毛；内稃与外稃等长或稍长，脊延伸成短芒。花期8月。

产宁夏贺兰山、罗山、南华山及盐池、中宁、青铜峡、中卫、海原等县。饲用价值优等，各类家畜喜食。

23. 狗尾草属 *Setaria* Beauv.

（1）断穗狗尾草 *Setaria arenaria* Kitag.

一年生草本，高20～100cm。须根纤细。秆直立，光滑无毛，丛生或近丛生。叶鞘松弛，口边缘具纤毛，基部叶鞘常具瘤；叶舌由一圈纤毛组成；叶片狭线形。圆锥花序紧密，呈细圆柱形，直立，下部有疏隔间断；第一颖长为小穗的1/3，第二颖与小穗等长；第一外稃与小穗等长，内稃膜质。花果期7～9月。

产宁夏盐池县，生于沙地或潮湿滩地。饲用价值良等，牛、羊、马采食。

（2）狗尾草 *Setaria viridis* (L.) P.Beauv.

一年生草本，高10～100cm。叶鞘较松弛，无毛或具柔毛，边缘具较长的密绵毛状纤毛；叶舌具纤毛；叶片扁平，先端渐尖，基部略呈钝圆形或渐窄，通常无毛。圆锥花序密呈圆柱形，微弯垂或直立；被刚毛，粗糙，绿色、黄色或紫色；小穗椭圆形，先端钝；第一颖卵形，长约为小穗的1/3，具3条脉；第二颖几与小穗等长，具5条脉；第一外稃与小穗等长，具5～7条脉，具一狭窄的内稃；谷粒长圆形，顶端钝，具细点状皱纹。花期6～8月。

宁夏普遍分布，生于山地、荒野、路旁、田边，为常见田间杂草。饲用价值优等，各类家畜均喜食。

24. 狼尾草属 *Pennisetum* Rich.

白草 *Pennisetum flaccidum* Griseb.

多年生草本，高20～90cm。秆直立，单生或丛生。叶舌短，具纤毛；叶片线形，无毛或有柔毛。圆锥花序穗状，呈圆柱形，主轴有角棱，无毛或有微毛；总梗极短；刚毛粗糙，灰白色或带紫褐色；小穗单生；第一颖先端钝圆，脉不明显，第二颖长约为小穗的1/2～3/4，先端尖或渐尖，具3～5脉；第一外稃与小穗等长，具7～9条脉，内稃膜质或退化；雄蕊3个或退化，花药顶端无毛。花果期6～10月。

产宁夏贺兰山、罗山、南华山及银川、盐池、青铜峡、中卫、中宁等市（县），生于山坡、沙地、田埂等处。饲用价值良等，幼嫩时各类家畜喜食。

25. 孔颖草属 *Bothriochloa* Kuntze

白羊草 *Bothriochloa ischaemum* (L.) Keng

多年生草本，高达70cm。秆丛生，直立或基部膝曲，具3至多节，节上无毛或具白色髯毛。叶鞘短于节间，仅基部长于节间而互相跨覆，无毛；叶舌膜质，先端钝圆，具纤毛；叶片狭线形，顶生者有时短缩，先端渐尖，基部圆形，两面疏生柔疣毛或下面无毛。总状花序4至多数簇生于秆顶，细弱，灰绿色或带紫色；穗轴节间与小穗柄两侧具白色丝状毛；无柄小穗，基盘具髯毛；第一颖草质，背部中央稍下凹，具5～7条脉，下部1/3常具丝状柔毛，边缘内卷，上部呈2条脊，先端钝而带膜质；第二颖舟形，脊上粗糙，边缘近于膜质，中部以上具纤毛；第一外稃长圆形或披针形，边缘上部疏生纤毛，第二外稃退化成线形，先端延伸成1膝曲的芒；有柄小穗雄性，无芒，第一颖背部无毛，具9条脉，第二颖具5条脉，两边内折，边缘具纤毛。花果期7～10月。

产宁夏贺兰山、须弥山、罗山、牛首山、西华山及隆德县。饲用价值良等，各类家畜喜食。

十一　毛茛科　Ranunculaceae

1. 侧金盏花属　Adonis L.

甘青侧金盏花 *Adonis bobroviana* Simonov.

多年生草本。茎直立，多分枝。叶片卵形或狭卵形，2～3回羽状细裂，末回裂片线形，边缘反卷。花单生茎顶；萼片5枚，菱状卵形；花瓣9～13，长椭圆形，黄色；雄蕊多数。瘦果卵球形。花果期6～7月。

产宁夏中卫香山、海原和西吉县，生于干旱草坡。有毒植物，无饲用价值。

2. 唐松草属　Thalictrum L.

（1）丝叶唐松草 *Thalictrum foeniculaceum* Bunge

多年生草本，高30cm左右。茎直立。基生叶3～4回三出复叶，小叶狭线形；茎生叶2～3回三出复叶。伞房状复单歧聚伞花序，顶生；萼片5枚，淡橘红色，狭倒卵形；花药线形，花丝丝状；心皮卵形；柱头短，椭圆形。瘦果纺锤形。花期5～6月，果期6～7月。

产宁夏罗山、南华山及固原市。多生于干旱山坡或多石砾处。饲用价值低等，羊可食。

（2）腺毛唐松草 *Thalictrum foetidum* L.

多年生草本，高100cm。茎直立。叶2～3回羽状复叶，小叶片宽倒卵形，3浅裂，上面绿色，背面灰绿色，被白色短柔毛与腺毛。圆锥花序顶生和腋生，萼片5枚，卵形，黄绿色带紫红色，雄蕊多数，花丝丝状，花药线形，先端具尖头；心皮4～9个，柱头三角形。瘦果纺锤形。花期6月，果期7月。

产宁夏贺兰山，多生于山坡草地及灌木丛中。饲用价值中等，干枯茎叶羊喜食。

（3）瓣蕊唐松草 *Thalictrum petaloideum* L.

多年生草本，高80cm。茎直立，具纵沟棱，无毛。叶3～4回三出复叶，小叶倒卵形，不裂或2～3深裂，先端圆钝，两面无毛；基部叶具柄，上部叶无柄。伞房状复单歧聚花伞序，花梗无毛；萼片4枚，椭圆形，先端圆钝；雄蕊多数，花丝上部呈倒卵状披针形，下部呈丝状，花药椭圆形。瘦果椭圆形，先端具伸直或稍弯的喙。花期6～7月，果期7～8月。

产宁夏六盘山、罗山、南华山及隆德、同心等县，多生于林缘、路边、干旱山坡及山地田埂边。饲用价值良等，春季牛、羊喜食，骆驼、马乐食。

（4）细唐松草 *Thalictrum tenue* Franch.

多年生草本，高70cm。植株全部无毛，有白粉，茎丛生，直立。茎中下部叶为3～4回羽状复叶，小叶椭圆形，基部圆形，全缘，有时具1～2浅裂。花单生叶腋或单歧聚伞花序生叶腋，组成顶生圆锥花序；花梗纤细；萼片4枚，黄绿色，椭圆形，先端圆钝；雄蕊多数，花丝丝状，花药线形，具尖头。瘦果斜倒卵形，扁平，沿背缝线和腹缝线各具狭翅，具果梗。花期6～8月，果期8～9月。

产宁夏贺兰山和中卫香山，多生于石质干旱山坡。

3. 乌头属　*Aconitum* L.

（1）西伯利亚乌头 *Aconitum barbatum* var. *hispidum* (DC.) Ser.

多年生草本，高55～90cm。茎直立，单生。基生叶及茎下部叶具长柄；叶片轮廓肾形，3全裂，全裂片无柄，中全裂片菱形，下部3深裂，裂片羽状深裂，小裂片披针形。总状花序，具多数花；萼片5枚，黄色，上萼片圆筒形，密被黄色绒毛，侧萼片宽倒卵形；蜜叶2枚，具长爪，瓣片先端微2裂，无毛；雄蕊多数；心皮3个，无毛。花期6～7月。

产宁夏六盘山、南华山和固原，生于海拔1900m左右的林缘草地和山坡草甸。有毒植物，无饲用价值。

（2）伏毛铁棒锤 *Aconitum flavum* Hand.-Mazz.

多年生草本，高35～100cm。块根纺锤形，常2个并生。茎直立，单一，不分枝。无基生叶，茎生叶密集茎的中上部，宽卵形，3全裂，全裂片再1~2回羽状深裂，末回裂片线形，上面绿色，背面淡绿色，两面无毛。总状花序顶生，具多数花，密集；萼片5枚，紫红色，上方萼片船状，侧萼片倒圆卵形，下方萼片卵状椭圆形，萼片背面均被短毛；蜜叶弧形，瓣片被柔毛；雄蕊多数，花丝下部扩展，无毛，花药近圆形；心皮5个，被短柔毛。花期8月。

产宁夏六盘山和南华山，生于阴坡及河滩草地。有毒植物，全株全年有毒。

4. 露蕊乌头属 *Gymnaconitum* (Stapf) Wei Wang & Z. D. Chen

露蕊乌头 *Gymnaconitum gymnandrum*（Maxim.）Wei Wang & Z. D. Chen

一年生草本，高100cm。具直根，棕褐色。茎直立，分枝开展，被短柔毛。叶片宽卵形，3全裂，全裂片具短柄，中全裂片再3裂，侧全裂片2~3裂，各裂片再羽状深裂，末回裂片线形。总状花序，花梗密被柔毛；萼片5枚，蓝紫色，具长爪，外面疏被长柔毛，上方萼片船形；蜜叶2，与上方萼片近等长，瓣片扇形，爪较宽；雄蕊多数，露于萼片外，花丝疏被柔毛，花药蓝黑色；心皮6~8，被长柔毛，柱头2裂。蓇葖果疏被短柔毛。花期7月，果期8月。

产宁夏六盘山和南华山。生于海拔2000~2500m的山地草甸和灌丛。有毒植物，全株全年有毒。

5. 翠雀属 *Delphinium* L.

(1) 翠雀 *Delphinium grandiflorum* L.

多年生草本，高35~65cm。茎直立。基生叶及茎下部叶具长柄；叶片轮廓五角形，3全裂，全裂片2回羽状细裂，小裂片线形，两面疏被短柔毛。总状花序；花萼5枚，深蓝色，长椭圆形，背面被反曲的短柔毛；退化雄蕊2枚，具爪，瓣片短圆状椭圆形，先端微2裂，边缘具腺毛；蜜叶先端不裂；雄蕊多数；心皮3个。蓇葖果。花期6~7月。

产宁夏六盘山及海原县，多生于山坡草丛及山谷沟畔。有毒植物，全株含毒，无饲用价值。

(2) 细须翠雀花 *Delphinium siwanense* Franch.

多年生草本，高约100cm。茎多分枝。叶五角形，背面被短柔毛，3深裂近基部，中央裂片3深裂，2回裂片线状披针形。伞形花序，具花2~10朵；花梗密被柔毛和腺毛；小苞片生花梗中部，线形，密被柔毛；萼片5枚，蓝紫色，卵形，距钻形；蜜叶瓣片蓝黑色；退化雄蕊2个，瓣片蓝黑色，2浅裂，被黄色髯毛；雄蕊无毛；子房疏被柔毛。蓇葖果。花期7~8月，果期9月。

产宁夏六盘山，生于海拔1800m左右的山坡草地。有毒植物，全株含毒，无饲用价值。

6. 银莲花属　*Anemone* L.

（1）疏齿银莲花　*Anemone geum* subsp. *ovalifolia* (Brühl) R. P. Chaudhary

多年生草本，高30cm。基生叶4～10片，叶片卵形，3全裂，中全裂片菱状倒卵形，先端3深裂，上半部具圆钝齿。苞片3片，无柄，3深裂；花常单生，萼片5枚，白色，背面带紫色，倒卵形，先端钝；雄蕊多数，花丝宽扁，花药椭圆形，端具尖头；心皮多数。花期6～7月。

产宁夏六盘山和南华山，多生于海拔2000～2500m的山坡林下或山坡草地。

（2）小花草玉梅　*Anemone rivularis* var. *flore-minore* Maxim.

多年生草本，高42～125cm左右。基生叶3～6片，叶片肾状五角形，3全裂，中全裂片菱状卵形，3深裂，中裂片3浅裂，上部具不规则粗锯齿。花单一，苞叶3片，3深裂几达基部；柄呈扁平鞘状，边缘具长毛；萼片5枚，白色，倒卵状长椭圆形；雄蕊多数，花丝丝状；子房狭椭圆形无毛，花柱钩状拳卷。瘦果狭卵球形。花期6月。

产宁夏罗山、六盘山和南华山，多生于潮湿的山坡、山沟、草地。有毒植物，全株含毒，无饲用价值。

（3）大火草 *Anemone tomentosa* (Maxim.) C. P'ei

多年生草本，高 40～150cm。基生叶 3～4 片，具长柄，小叶片近圆形，3 浅裂至 3 深裂，先端急尖，基部心形，边缘具不规则的小裂片。聚伞花序顶生，花梗密被绵毛；萼片 5 枚，倒卵形，外面密生绵毛，淡粉红色；雄蕊多数，花丝丝形，花药椭圆形；心皮多数，子房密被绒毛。聚合果球形。花期 7～8 月。

产宁夏六盘山，多生于山坡荒地及山谷路边。有毒植物，无饲用价值。

7. 毛茛属 *Ranunculus* L.

（1）棉毛茛 *Ranunculus membranaceus* Royle

多年生草本，高 3～10cm。茎直立，有分枝，具纵棱。基生叶多数，叶片线状披针形；叶柄上部稍扁，下部扩展成长的膜质叶鞘；茎生叶 3 裂几达基部，裂片线形，密生白色长柔毛。花单生茎顶；萼片 5 枚，椭圆形；花瓣 5 枚，黄色，宽倒卵形，基部具爪，蜜腺袋状；雄蕊多数；花托无毛。瘦果倒卵形。花果期 6～7 月。

产宁夏贺兰山及月亮山，生于温性草甸草原。有毒植物，无饲用价值。

（2）美丽毛茛 *Ranunculus pulchellus* C. A. Mey.

多年生草本，高 10～20cm。须根伸长。茎直立或斜升，上部分枝。基生叶椭圆形，上缘 3～5 浅裂，基部圆楔形，两面无毛，具叶柄，基部有膜质宽鞘；茎生叶无柄，抱茎，单一，披针形或 3 深裂成戟形，无毛。花梗细长，上部被黄色短毛；萼片 5 枚，椭圆形，边缘膜质，外面被黄色短毛；花瓣 5 片，倒卵形，基部有狭爪，具穴状蜜槽；花托长圆形。瘦果卵球形。花期 6～7 月，果期 7～8 月。

产宁夏六盘山及隆德县，生于海拔 2000m 左右的山坡草地、溪边湿地。

（3）掌裂毛茛 *Ranunculus rigescens* Turcz. ex Ovcz.

多年生草本，高 10～20cm。茎直立，无毛或生柔毛。基生叶 2 型，有些具 7～9 个浅至中裂片，中央裂片较大，呈倒卵状椭圆形；有些叶较大，呈不规则的掌状深裂，裂片倒披针形，疏被长柔毛；叶柄基部扩展成鞘状；茎生叶 3～5 全裂，裂片线形。花单生；萼片 5 枚，椭圆形；花瓣倒卵形；雄蕊多数，花丝线形，无毛，花药长椭圆形。瘦果卵球形，稍扁，无毛。花果期 6～7 月。

产宁夏贺兰山，生于海拔 2500～3000m 的高山草地。

（4）高原毛茛 Ranunculus tanguticus (Maxim.) Ovcz.

多年生草本，高 10～30cm。茎直立或斜生，多分枝。基生叶及茎下部叶具长柄；三出复叶，小叶片三角状倒卵形，2～3 回全裂，裂片线形，两面被柔毛；小叶具柄；上部叶裂片狭线形。花单生；萼片 5 枚，椭圆形，边缘膜质；花瓣 5 枚，黄色，椭圆形，基部具狭长爪，蜜腺点状；雄蕊 20～25 枚，花药椭圆形。瘦果倒卵球形。花期 6 月，果期 7 月。

产宁夏南华山，多生于山坡及沟边湿地。有毒植物，无饲用价值。

十二　锁阳科　Cynomoriaceae

锁阳属　*Cynomorium* L.

锁阳　*Cynomorium songaricum* Rupr.

多年生肉质寄生草本，高 15～100cm。茎直立，肉质，圆柱形，暗紫褐色，不分枝。叶鳞片状，螺旋状排列，卵状宽三角形。肉穗花序生茎顶，伸出地面，圆柱状或棒状；花小，多数，密集，雄花、雌花和两性花混生；雄花花被片通常 4 枚，离生或合生，倒披针形或匙形，下部白色，上部紫红色，雄蕊 1 枚，着生于花被片基部，花丝红色，花药深紫红色；雌花花被片 5～6 个，线状披针形；两性花花被片 5～6 个，披针形，雄蕊 1 枚。小坚果近球形，深红色，种皮坚硬而厚。花期 5～7 月，果期 6～8 月。

产宁夏中卫、海原、银川、平罗、盐池、灵武、同心、大武口等市（县），生于半固定沙丘中。饲用价值中等，茎肉质，适口性好，羊、牛、马、骆驼均采食。

十三　蒺藜科　Zygophyllaceae

1. 蒺藜属　*Tribulus* L.

蒺藜　*Tribulus terrestris* L.

一年生草本，枝长 20～60cm。茎由基部分枝，平铺地面。偶数羽状复叶，互生，具 4～7 对小叶；小叶对生，矩圆形，先端锐尖或钝，基部近圆形，稍偏斜，全缘。花单生叶腋；萼片 5 枚，卵状披针形，宿存；花瓣 5 片，倒卵形，较萼片稍长，黄色；雄蕊 10 个；子房卵形，花柱短，柱头 5 裂。离果扁球形。花期 5～8 月，果期 6～9 月。

宁夏全区普遍分布，多生于沙地、渠沟边、路旁、田埂或田间，为沙质旱田常见杂草。饲用价值低等，青嫩期茎叶柔软，骆驼乐食，羊、马、牛也采食。果期家畜均不采食。

2. 驼蹄瓣属 *Zygophyllum* L.

（1）蝎虎驼蹄瓣 *Zygophyllum mucronatum* Maxim.

多年生草本，高 15～25cm。茎分枝，具棱，多由基部分枝，铺散。复叶具 2～3 对小叶，小叶片线状矩圆形，先端具刺尖。花 1～2 朵腋生；萼片 5 枚，矩圆形或狭倒卵形，绿色，边缘膜质；花瓣 5 片，倒卵形，上部白色，下部橘红色，基部渐狭成爪；雄蕊长于花瓣，花药黄色。蒴果圆柱形。花期 5 月，果期 6～8 月。

产宁夏银川、吴忠及石嘴山、平罗、同心、中宁、中卫等市（县），生于干旱沙地及石质坡地。饲用价值中等，马和牛少量采食，骆驼、绵羊和山羊乐食。

（2）霸王 ***Zygophyllum xanthoxylon*** (Bge.) Maxim.

灌木，高50~100cm。枝弯曲，开展，皮淡灰色。复叶具2片小叶，小叶肉质，线形或匙形，先端圆，基部渐狭。花单生叶腋，黄白色，萼片4枚，倒卵形，绿色，边缘膜质；花瓣4片，倒卵形或近圆形，先端圆，基部渐狭成爪；雄蕊8枚，较花瓣长；子房3室。蒴果通常具3宽翅，宽椭圆形或近圆形。花期4~5月，果期5~9月。

产宁夏中卫及石嘴山等市（县），生于干旱石质山坡或半固定沙丘上。饲用价值低等，骆驼喜食霸王的嫩枝叶及花。羊偶尔采食花，牛、马不食。

十四　豆科　Leguminosae

1. 野决明属　***Thermopsis*** R. Br.

披针叶黄华 *Thermopsis lanceolata* R. Br.

多年生草本，高40cm。茎直立，分支或单一。掌状三出复叶；小叶倒披针形或长椭圆形。总状花序顶生，花轮生，排列疏松，每轮2~3朵花；花萼钟形，萼齿5；花冠黄色；雄蕊10枚，分离。荚果长椭圆形；种子圆肾形，黑褐色。花期5~7月，果期7~9月。

宁夏全区普遍分布，多生于山坡、草地、沟渠旁、荒地、田边。有毒植物，无饲用价值。

2. 沙冬青属 *Ammopiptanthus* Cheng f.

沙冬青 *Ammopiptanthus mongolicus* (Maxim. ex Kom) Cheng f.

常绿灌木，高200cm。枝黄绿色，茎多叉状分枝。叶为掌状三出复叶；托叶小，三角形，贴生于叶柄而抱茎；小叶长椭圆形、倒卵状椭圆形、菱状椭圆形或椭圆状披针形。总状花序顶生；萼钟形，萼齿5，极短，上方1齿较大；花冠黄色。荚果长椭圆形，扁平，先端具喙。花期4～5月，果期5～6月。

产宁夏贺兰山、须弥山及中卫、中宁、红寺堡、同心、灵武、石嘴山等市（县），生于干旱山坡、固定沙丘及砂石地。饲用价值中等，羊、马和骆驼采食花。

3. 苦参属 *Sophora* L.

苦豆子 *Sophora alopecuroides* L.

半灌木，高达100cm。茎直立。奇数羽状复叶；小叶11～25片，对生或互生，卵状椭圆形、椭圆形或矩圆状长椭圆形。总状花序顶生；花萼斜钟形；花冠黄白色。荚果串珠状。花期5～7月，果期6～8月。

宁夏全区普遍分布，多生于半固定沙丘、沟渠旁、沙质地及农田附近。饲用价值低等，家畜仅在花期采食花序。

4. 胡枝子属 *Lespedeza* Michx.

（1）兴安胡枝子 *Lespedeza davurica* (Laxim.) Schindl.

半灌木，高100cm。茎单一或数条丛生。羽状三出复叶，顶生小叶较侧生小叶大，矩圆状长椭圆形；总状花序叶腋生，较叶短或与叶等长；花萼钟形，萼齿5，披针形，长为萼筒的2.5倍；花冠黄白色。荚果倒卵状矩圆形，具网纹。花期6～8月，果期9～10月。

宁夏全区普遍分布，多生于沙质地及干旱山坡上。饲用价值优等，开花前期被各种家畜所喜食。

（2）多花胡枝子 *Lespedeza floribunda* Bge.

小灌木，高100cm。羽状三出复叶，顶生小叶较大，倒卵状披针形或狭倒卵形。总状花序腋生，总花梗较叶长；小苞片长卵形；萼钟形，萼齿5，披针形，长为萼筒的2倍，花冠紫红色。荚果卵形，具网纹。花期8～9月，果期9～10月。

产宁夏须弥山、贺兰山、海原等县，多生于石质山坡。饲用价值优等，各种家畜均喜采食。

（3）牛枝子 *Lespedeza potaninii* Vass.

半灌木，高20～60cm。茎斜升或平卧，多分枝。三出羽状复叶，小叶狭长圆形。总状花序腋生；总花梗长明显超出叶；花疏生；花萼5深裂，裂片披针形；花冠黄白色，稍超出萼裂片，旗瓣中央及龙骨瓣先端带紫色。荚果倒卵形。花期7～9月，果期9～10月。

产宁夏贺兰山和盐池县，生于荒漠草原、草原带的沙质地、砾石地、丘陵地、石质山坡及山麓。饲用价值优等，春末、夏初各种家畜均喜采食。

5. 甘草属　*Glycyrrhiza* L.

甘草 *Glycyrrhiza uralensis* Fisch.

多年生草本，高30～120cm。茎直立，具分枝。奇数羽状复叶，互生，具小叶7～13枚，小叶具短柄，小叶片卵形、宽卵形或近圆形。总状花序叶腋生，花密集，具花20～40朵；花萼钟形，萼齿5，线状披针形，与萼筒等长；花冠淡紫红色或紫红色。荚果线状矩圆形，弯曲成镰状或环状，密被刺状腺体。花期6～8月，果期7～9月。

宁夏全区分布，多生于田边、河岸、沙地、荒滩及草原。饲用价值中等，现蕾前期骆驼乐食。干枯后羊、马、骆驼均喜食。

6. 岩黄芪属　*Hedysarum* L.

贺兰山岩黄芪 *Hedysarum petrovii* Yakovl.

多年生草本，高8～15cm。茎多数，短缩。奇数羽状复叶，具7～15枚小叶；托叶卵状披针形；小叶椭圆形或矩圆状卵形。总状花序腋生，较叶长，具花10～20朵；苞片线状披针形；花红色或紫红色，花萼钟形，萼齿钻形，长为萼筒的3倍以上。荚果具2～4荚节，密被柔毛或硬刺。花期6～7月，果期7月。

产宁夏贺兰山和六盘山，生于山沟及草地。饲用价值良等，牛、羊均采食。

7. 羊柴属　*Corethrodendron* Fisch. & Basiner

（1）蒙古山竹子（蒙古羊柴）*Corethrodendron fruticosum* var. *mongolicum* (Turcz.) Turcz. ex B. Fedtsch.

半灌木，高100～120cm。奇数羽状复叶，具9～17枚小叶，枝下部的小叶椭圆形或长椭圆形，枝上部的小叶线状椭圆形或线状披针形；托叶三角形。总状花序叶腋生，与叶近等长，具花4～10朵；花萼钟状筒形，萼齿三角形；花冠紫红色。荚果2～3节，两面稍凸起，被毛。花期7～9月，果期9～10月。

产宁夏中卫市沙坡头，生于流动沙丘上。饲用价值优等，家畜喜食。

（2）红花山竹子（红花羊柴）*Corethrodendron multijugum* (Maxim.) B. H. Choi et H. Ohashi

亚灌木，高40～80cm。茎直立，多分枝。奇数羽状复叶，具小叶23～37枚，小叶矩圆形至卵状矩圆形；托叶三角形。总状花序叶腋生，具5～20朵花；花萼斜钟形，萼齿短，三角形；花冠紫红色。荚果2～3节，具网纹，被毛和小刺。花期6～7月，果期7～8月。

产宁夏罗山、南华山、六盘山及固原、隆德等市（县）。生于干旱砾石质洪积扇和河滩山坡。饲用价值优等，家畜喜食。

（3）细枝山竹子（细枝羊柴） *Corethrodendron scoparium* (Fisch. et C. A. Mey.) Fisch. et Basiner

灌木，高80～300cm。多分枝。树皮黄色，呈纤维状剥落。奇数羽状复叶，植株下部的叶具小叶7～11枚，小叶披针形或线状披针形；托叶三角形。总状花序叶腋生，较叶长；花萼钟状筒形，上面的萼齿短，宽三角形，下面的萼齿长，狭三角形；花冠紫红色。荚果2～4节，膨胀，密被白色长毡毛。花期6～8月，果期7～9月。

产宁夏中卫市沙坡头，生于流动沙丘或半固定沙丘上。饲用价值优等，羊、骆驼、马喜食。

8. 锦鸡儿属 *Caragana* Lam.

（1）矮脚锦鸡儿 *Caragana brachypoda* Pojark.

灌木，高20～40cm。小叶4片，假掌状着生，狭倒卵形，先端急尖或圆钝，具小刺尖，基部楔形，两面被柔毛，上面稍密。花单生；花梗短，基部具关节；花萼管状钟形，基部偏斜，呈浅囊状，带紫红色，萼齿三角形边缘被柔毛；花冠黄色。荚果披针形。花期5月。

豆科　Leguminosae | 67

产宁夏贺兰山及盐池、灵武、中宁、中卫等市（县），多生于向阳山坡及山麓路边。饲用价值良等，绵羊、山羊均喜食嫩枝。

（2）甘肃锦鸡儿 *Caragana kansuensis* Pojark.

小灌木，高达60cm。茎基部多分枝，开展。枝细长，灰褐色，疏被白色伏柔毛。小叶4片，假掌状着生，线状倒披针形，先端锐尖，具短刺尖，无毛或疏被短柔毛。花梗中部以上具关节；萼筒管状，基部具囊，萼齿三角形；花冠黄色，翼瓣与旗瓣近等长。荚果圆筒形。花期4～6月，果期6～7月。

产宁夏吴忠、灵武、海原等市（县），生于山坡、沙地。饲用价值良等，牛、羊均采食。

（3）柠条锦鸡儿 *Caragana korshinskii* Kom.

灌木，高达400cm。枝条淡黄色，长枝上的托叶宿存硬化成针刺；小叶5～10对，羽状排列，无小叶柄，倒卵状长椭圆形或长椭圆形。花单生，中部以上具关节；花萼钟形，萼齿三角形；花冠黄色，子房披针形无毛。荚果扁，红褐色，先端尖。花期5～6月，果期6～7月。

产宁夏海原、中卫、灵武、盐池等市（县）。生于半固定和固定沙地。饲用价值良等，各类家畜喜食。

（4）小叶锦鸡儿 Caragana microphylla Lam.

灌木，高 200~300cm。老枝深灰色或深绿色，长枝上的托叶宿存并硬化成针刺，较粗壮；小叶 6~10 对，羽状排列，宽倒卵形或三角状宽倒卵形，先端截形或凹，具小刺尖，基部宽楔形，两面疏被短伏毛。花单生；花梗无毛或疏被短柔毛，中部以上具关节，花冠黄色。荚果圆筒形，先端尖，无毛，棕褐色。果期 7~8 月。

产宁夏盐池县麻黄山，多生于干旱山坡。饲用价值良等，绵羊、山羊、骆驼均采食嫩枝和花。

（5）甘蒙锦鸡儿 Caragana opulens Kom.

矮灌木，高 60cm 左右。托叶硬化成针刺，假掌状着生四片小叶，具叶轴，先端成针刺；小叶卵状倒披针形，先端急尖，具硬刺尖，无毛。花单生叶腋；花梗中部以上具关节；花萼筒状钟形，萼齿三角形，基部偏斜；花冠黄色。荚果线形，膨胀，无毛。花期5~6月，果期7~8月。

产宁夏贺兰山及南华山，多生于干旱山坡。饲用价值良等，家畜乐食。

（6）荒漠锦鸡儿 *Caragana roborovskii* Kom.

矮灌木，高100cm左右。树皮黄色，条状剥落。托叶膜质，三角状披针形；叶轴全部宿存并硬化成刺；小叶4~6对，羽状着生，倒卵形或倒卵状披针形。花单生，花萼管状，萼齿三角状披针形；花冠黄色，子房被密毛。荚果圆筒形，密被柔毛，先端具尖头，花萼常宿存。花期4~5月，果期6~7月。

产宁夏贺兰山、罗山和南华山及中卫、中宁、盐池、海原、同心、平罗等市（县），生于干旱山坡或山麓石砾滩地、山谷间干河床。饲用价值中等，羊采食花、果季嫩叶。

（7）狭叶锦鸡儿 *Caragana stenophylla* Pojark.

灌木，高30~80cm。小枝细长，具条棱。小叶4枚假掌状着生，线状倒披针形，先端急尖，具小尖头，基部渐狭，两面无毛或疏被柔毛。花单生；近中部具关节；花萼钟形，基部偏斜，萼齿宽三角形，先端具尖头；花冠黄色。荚果线形，膨胀，成熟时红褐色。花期6~7月，果期7~8月。

产宁夏贺兰山及同心、中卫、海原等市（县），生于向阳干旱山坡。饲用价值中等，羊采食花、果季嫩叶。

（8）毛刺锦鸡儿 *Caragana tibetica* Kom.

灌木，高 20～30cm。茎分枝多，密集。叶具 3～4 对小叶，小叶线状长椭圆形，先端尖，具小刺尖，两面密被长柔毛。叶轴宿存并硬化成针刺；托叶卵形。花单生，几无梗；花萼筒形，萼齿卵状披针形，长为萼筒的 1/4；花冠黄色。荚果短，椭圆形，外面密被长柔毛。花期 5～7 月。

产宁夏贺兰山、罗山及盐池、中卫、海原、灵武等市（县），生于向阳干旱山坡或山麓石质沙地。饲用价值中等，羊采食花、果季嫩叶，骆驼四季采食。

9. 米口袋属 *Gueldenstaedtia* Fisch.

少花米口袋 *Gueldenstaedtia verna* (Georgi) Boriss.

多年生草本，高 5～10cm。茎短缩。奇数羽状复叶，集生于短缩茎上；托叶披针形；小叶 9～13，椭圆形或卵状椭圆形。总花梗从叶丛中抽出，与叶等长或稍短；花 2～3 朵集生于总花梗顶端；花萼钟形，萼齿 5，上面的 2 个齿较大，与萼筒近等长；花冠紫红色。荚果圆柱状，被棕褐色长柔毛。花期 6～7 月，果期 7～8 月。

产宁夏六盘山，生于向阳山坡、草地、路旁砾石地。饲用价值良等，羊采食。

豆科 Leguminosae

10. 棘豆属 *Oxytropis* DC.

（1）猫头刺 *Oxytropis aciphylla* Ledeb.

矮小半灌木，高20cm。地上茎短而多分枝，呈垫状。偶数羽状复叶，叶轴先端成刺，具小叶2～3对；小叶线形，先端成硬刺尖。总状花序叶腋生，总花梗短，常具2朵花；苞片披针形；花萼筒形，萼齿锥形；花冠蓝紫色，龙骨瓣先端具喙。荚果矩圆形。花期5～6月，果期6～7月。

产宁夏贺兰山、罗山及中卫、青铜峡、永宁、灵武、同心和银川市以北各市（县）。饲用价值低等，早春山羊、绵羊可采食花、叶，骆驼乐食，其他家畜多不采食。

（2）地角儿苗 *Oxytropis bicolor* Bge.

多年生草本，高20cm。无地上茎。叶丛生，具小叶17～81个，多4个小叶轮生，少2小叶对生，小叶片卵状披针形或卵状长椭圆形。总状花序较叶长，花多数，或疏或密地在花序轴顶端集成短总状；花萼筒形，萼齿线形，长为萼筒的1/4；花冠蓝紫色。荚果矩圆形，背腹略扁，密被白色长柔毛。花期5～7月，果期7～9月。

产宁夏六盘山及固原、同心、中卫等市（县），生于干旱山坡、石质河滩地、荒地等。饲用价值良等，各类家畜喜食。

（3）蓝花棘豆 *Oxytropis caerulea* (Pall.) DC.

多年生草本。茎缩短，基部分枝呈丛生状。羽状复叶；托叶披针形，于中部与叶柄贴生，彼此分离；小叶 25～41 枚，长圆状披针形，先端渐尖或急尖，基部圆形。12～20 朵花组成稀疏总状花序；花萼钟状，萼齿三角状披针形，比萼筒短 1 半；花冠天蓝色或蓝紫色。荚果长圆状卵形膨胀。花期 6～7 月，果期 7～8 月。

产宁夏贺兰山和泾源县，生于海拔 1200m 左右的山坡草地或山地林下。饲用价值中等，牛和羊乐食。

（4）缘毛棘豆 *Oxytropis ciliata* Turcz.

多年生草本，高 20cm。茎极短缩。叶丛生，奇数羽状复叶，小叶 9～13 枚，线形或线状披针形，先端钝或急尖，基部楔形。总状花序叶腋生，较叶短或有时与叶等长，花 3～7 朵，密集于花序轴顶部呈头状或短总状；花萼筒形，萼齿锥形；花冠黄白色。荚果卵形，膨胀，先端尖，无毛。花期 5～6 月，果期 6～7 月。

产宁夏海原、西吉等县，多生于荒地及黄土丘上。饲用价值中等，牛和羊乐食。

（5）小花棘豆 Oxytropis glabra (Lam.) DC.

多年生草本，高20～80cm。茎匍匐或斜升，多分枝。奇数羽状复叶，互生，小叶9～13枚，长椭圆形、卵状椭圆形至卵状披针形，先端急尖或钝，具小刺尖，基部圆形；托叶卵形至狭卵形。总状花序叶腋生，较叶长，具花约30朵，开花时稀疏；花萼钟形，萼齿锥形，长为萼筒的一半；花冠蓝紫色。荚果下垂，披针状椭圆形，膨胀，先端尖，密被白色短伏毛。

宁夏引黄灌区普遍分布，多生于渠沟旁、荒地、田边及低洼盐碱地。有毒植物，无饲用价值。

（6）砂珍棘豆 Oxytropis gracilima Bge.

多年生草本，高15～30cm。地上茎极短。叶丛生，具25～43枚小叶，常4～6片轮生，小叶线形或线状披针形；托叶卵形，下部与叶柄合生。花序与叶近等长或稍长；具花10～15朵，密集于花序轴的顶端近头状；花萼钟形，萼齿线形，与萼筒近等长；花冠紫色。荚果卵形，1室，膨胀，被短柔毛。花期7～8月，果期8～9月。

产宁夏盐池县，生于干旱山坡或沙地。饲用价值优等，羊、骆驼四季喜食，马、牛、驴乐食。

（7）贺兰山棘豆 Oxytropis holanshanensis H.C.Fu

多年生草本，高5~10cm。茎缩短，分枝多，密丛生。羽状复叶长5~10mm；托叶膜质，卵形；小叶7~19枚，卵形或椭圆状卵形，先端急尖，基部近圆形，两面密被贴伏白色长硬毛。10~15朵花组成头形总状花序；花萼钟状，密被贴伏白色和黑色柔毛，萼齿线形，花冠黄色。荚果卵形。花期7~8月。

产宁夏南华山和贺兰山，生于海拔2000~2400m山坡草地。饲用价值中等，牛羊采食。

（8）宽苞棘豆 Oxytropis latibracteata Jurtz.

多年生草本，高20cm。茎极短缩。叶丛生，奇数羽状复叶，具小叶11~19枚，对生或近对生，小叶长椭圆形、椭圆状披针形或狭卵形，先端急尖，基部圆形。总状花序叶腋生。较叶长或近等长，花序轴密被黄色柔毛，具花5~10朵，集生于花序轴的顶部呈头状；花萼筒形，密生黄色柔毛，萼齿线形，长为萼筒的一半；花冠淡紫色。荚果卵状椭圆形，膨胀，先端尖，密被黑色和白色短毛。花期6月，果期7月。

产宁夏贺兰山及罗山，生于海拔1700~3500m高山灌丛草甸和杂草草甸。饲用价值良等，羊采食，属牧草。

豆科　Leguminosae | 75

（9）内蒙古棘豆 *Oxytropis monophylla* Grub.

多年生草本，高 5～10cm。茎短缩。具 1 枚小叶；托叶卵形，与叶柄合生；小叶近革质，椭圆形或椭圆状披针形，先端锐尖或近锐尖，基部楔形。花葶较叶短，通常具 1～2 朵花；花萼筒状，萼齿三角状钻形；花冠淡黄色，龙骨瓣具三角形短喙。荚果卵球形，先端具短喙。花期 6～7 月，果期 7～8 月。

产宁夏贺兰山及灵武市，生于山坡或砾石地。

（10）糙荚棘豆 *Oxytropis muricata* (Pall.) DC.

多年生草本，高 5～12cm。茎缩短，丛生。轮生羽状复叶；小叶 15～18 轮，每轮通常 4 片，稀对生，线形、披针形或长圆形，先端尖，基部圆形，两面疏被黄色腺点。头形总状花序，花葶较叶短或与之等长，直立；花萼筒状，萼齿三角形；花冠淡黄白色。荚果革质，略呈圆柱状，略弯曲，无毛，密被粗糙的腺点。花期 6 月，果期 7 月。

产宁夏西吉县月亮山、海原县南华山以及中卫香山，生于温性草甸草原。

（11）黄毛棘豆 *Oxytropis ochrantha* Turcz.

多年生草本，高不及20cm。无地上茎或茎极缩短。羽状复叶；托叶膜质，上部披针形；小叶8～9对，对生或4枚轮生，卵形、披针形、线形或矩圆形。总状花序圆柱状，花多密集；苞片线状披针形；花萼筒状，萼齿钻状，与筒部近等长；花冠黄色或白色。荚果卵形，密被土黄色长柔毛。花期6～7月，果期7～8月。

产宁夏六盘山、罗山、贺兰山和南华山，生于海拔1800m左右的山坡草地。饲用价值中等，牛和羊采食。

（12）黄花棘豆 *Oxytropis ochrocephala* Bunge

多年生草本，高50cm。茎直立，密被黄色长柔毛，多由基部分枝。奇数羽状复叶，具小叶17～29枚，卵形、长卵形或卵状披针形，先端急尖或渐尖，基部圆形；托叶卵形。总状花序叶腋生，较叶长，具花10～50朵，密集于花序轴的顶部呈圆柱状；花萼筒形，萼齿锥形，长为萼筒的一半；花冠黄色。荚果矩圆形，膨胀，先端尖，密被黄色短毛。花期6～7月，果期7～9月。

产宁夏南华山及西吉、海原等县，多生于高山草甸。有毒植物，无饲用价值。

豆科 Leguminosae

（13）多叶棘豆 *Oxytropis racemosa* Turcz.

多年生草本，高30cm。无地上茎。叶丛生，小叶可多达100枚，常4～6枚轮生，小叶片线形或线状披针形；托叶卵状披针形。总状花序较叶长，花多数，集生于花序轴顶部成较密的总状；苞片披针形；花萼筒形，萼齿线形，常呈暗紫色；花冠紫色。荚果长椭圆形，膨胀，密被长柔毛。花期6月，果期7～8月。

产宁夏六盘山及固原、隆德等市（县），生于林缘草地及荒地。饲用价值良等，青、干状态绵羊、山羊、骆驼均喜食，牛、马、驴、骡采食较差。

（14）多枝棘豆 *Oxytropis ramosissima* Kom.

多年生草本，密被白色长柔毛，高20cm。茎分枝多，细弱，铺散。轮生羽状复叶；托叶线状披针形或披针形；小叶2～5轮，通常每轮4枚，亦有对生的，线形或线状圆形。1～2（～5）花组成腋生短总状花序；花萼筒状，蓝紫色，萼齿披针状钻形，长为萼筒一半；花冠蓝紫色。荚果革质，椭圆形或近卵形，扁平，先端微弯。花期5～8月，果期8～9月。

产宁夏盐池县和灵武市，生于流动沙丘、半固定沙丘、沙质坡地及风积砂地上。饲用价值中等，春季返青较早，马、牛、羊喜食。

（15）鳞萼棘豆 *Oxytropis squammulosa* Candolle

多年生草本，高3~5cm。茎极缩短，丛生。叶基生，奇数羽状复叶，具9~17枚小叶，小叶线形，先端尖，常向上卷成圆筒状。总状花序极短，具1~3朵花；苞偏膜质，密生圆形黄色腺体，花萼筒形，萼齿近三角形；花冠乳白色，龙骨瓣先端具喙。荚果卵形，膨胀。花期5~6月，果期6~7月。

产宁夏罗山、盐池县、固原云雾山，生于石质干旱山坡或沙地上。饲用价值中等，幼嫩期为绵羊、山羊所乐食。

（16）洮河棘豆 *Oxytropis taochensis* Kom.

多年生草本，高30cm。茎直立或平卧，多由基部分枝。奇数羽状复叶，具13~19枚小叶，椭圆形、卵状椭圆形或卵状披针形；托叶披针形。花序叶腋生，较叶长，花7~15朵，排列于花序轴顶端呈总状或短总状；苞片线形；花萼筒形，萼齿锥形，短于萼筒；花冠蓝紫色。荚果圆柱形，膨大。花期6~7月。

产宁夏六盘山及罗山，生于石质河滩地。饲用价值中等，羊采食。

（17）胶黄芪状棘豆 *Oxytropis tragacanthoides* Fisch.

球形垫状矮灌木，高5~20cm。茎很短，分枝多。奇数羽状复叶，小叶7~11 (13) 枚，椭圆形、长圆形、卵形或线形。短总状花序由2~5朵花组成；总花梗较叶短；苞片线状披针形；花萼筒状，萼齿线状钻形；花冠紫色或紫红色。荚果球状卵形。花期6~8月，果期7~8月。

产宁夏贺兰山（汝箕沟），生于海拔1800~2200m的干旱石质山地或山地河谷砾石沙土地。饲用价值中等，羊采食。

11. 黄芪属 *Astragalus* L.

（1）直立黄芪（沙打旺）*Astragalus adsurgens* Pall.

多年生草本，高20～100cm。茎多数丛生，斜升。奇数羽状复叶，小叶11～25枚，卵状椭圆形、椭圆形或长椭圆形，先端钝，基部圆形；托叶三角形或卵状三角形。总状花序叶腋生，较叶长，具花约40朵，较紧密；花萼钟形，萼齿锥形，不等长；花冠蓝紫色。荚果圆筒形，背缝线凹陷，被黑色丁字毛。花期6～7月，果期8～10月。

宁夏全区普遍分布，多生于山坡、草地、沟渠边、田边及低洼盐碱地。饲用价值良等，各类家畜喜食。

（2）灰叶黄芪 *Astragalus discolor* Bge. ex Maxim.

多年生草本，高30～50cm。茎从基部分枝，呈丛生状，直立或斜升。奇数羽状复叶，具小叶9～21枚，长椭圆形或卵状披针形，先端圆钝，基部楔形。总状花序叶腋生，具花10～20朵，疏散；苞片披针形；花萼筒形，萼齿不等长；花冠蓝紫色。荚果扁平，线形，两端尖，具明显果梗，果梗长于花萼，被黑色丁字毛。花期6月，果期7月。

产宁夏贺兰山及中卫市，多生于石质山坡。饲用价值良等，适口性好，为各种家畜所喜食。

豆科 Leguminosae

（3）单叶黄芪 *Astragalus efoliolatus* Hand.Mazz.

多年生草本，高5～10cm。地上茎缩短成密丛。单叶成丛生状，线形，两面密被灰白色丁字毛。短总状花序具花2～5朵；花萼筒形，萼齿线状锥形，与萼筒等长或稍短，花冠紫红色。荚果卵状矩圆形，疏被丁字毛。花期6～9月，果期7～10月。

产宁夏罗山及中卫、同心、海原、盐池、灵武等市（县），多生于干旱山坡、石质干河床、田边、路旁。饲用价值中、上等，青鲜状态绵羊和山羊喜食。

（4）胀萼黄芪 *Astragalus ellipsoideum* Ledeb.

多年生草本，高13～20cm。茎短缩。奇数羽状复叶，具小叶9～21枚，小叶片椭圆形或倒卵形，先端急尖或圆钝。总状花序紧密，卵形或圆筒形；花萼筒状，萼齿钻形，长为萼筒的1/3；花冠黄色。荚果卵状矩圆形。花期5～6月，果期7～8月。

产宁夏贺兰山及石嘴山、青铜峡等市，生于干旱山坡、砾石滩地。饲用价值良等，牛、羊喜食其枝叶。

（5）乳白黄芪 *Astragalus galactites* Pall.

多年生草本，高 5～15cm。地上茎极短缩呈丛生状。奇数羽状复叶，具 9～21 枚小叶，小叶椭圆形或倒卵状椭圆形，先端钝或急尖，基部圆形或楔形。花生于基部叶腋，几无梗；花萼筒形，萼齿线形，长为萼筒的一半；花冠乳白色。荚果小，卵形或倒卵形。花期 5 月。

产宁夏银川、中卫、盐池等地，多生于石质滩地及沙地。饲用价值中等，绵羊、山羊最喜欢采食花和嫩叶，春、夏季马采食。

（6）新巴黄芪 *Astragalus grubovii* P.Y.Fu & Y.A.Chen

多年生草本，高 4～15cm。无地上茎。奇数羽状复叶，具小叶 15～29 枚，小叶椭圆形或倒卵形；花多数密集于叶丛基部；花萼筒形，萼齿线形；花冠白色，带淡黄色。荚果卵状长圆形或卵形，密被白色长柔毛。花期 6～7 月，果期 7～8 月。

产宁夏贺兰山，生于干旱山坡。饲用价值良等，牛、羊喜食其枝叶。

豆科 Leguminosae | 83

（7）会宁黄芪 Astragalus huiningensis Y. C. Ho

多年生草本，高40cm。茎丛生，直立，具分枝。奇数羽状复叶，小叶9～19枚，小叶椭圆形，先端圆形或微凹，基部近圆形，边缘常向上反折；托叶披针形。总状花序叶腋生，远较叶长，具花约40朵，生于总花梗上部，稍疏散；花萼宽钟形，萼齿短，三角形；花冠淡紫红色。荚果椭圆形，膨胀，先端具长喙，具横纹，无毛。花果期5～7月。

产宁夏固原市，多生于干旱山坡及荒地。

（8）莲山黄芪 Astragalus leansanicus Ulbr.

多年生草本，高20～40cm。茎丛生。奇数羽状复叶，具小叶11～21枚，矩圆状长椭圆形、椭圆状倒披针形或线状长椭圆形；托叶披针形。总状花序生上部叶腋，较叶长，具花10～20朵，紧密，集生于花序轴的顶端；花萼钟形，萼齿钻形，长不及萼筒的一半；花冠紫红色。荚果圆柱形。种子肾形，橄榄色。花果期5～7月。

产宁夏贺兰山和隆德县，生于荒地、路边。饲用价值中等，牛和羊喜食。

（9）马衔山黄芪 *Astragalus mahoschanicus* Hand.-Mazz.

多年生草本，高 15～40cm。茎细弱，具条棱。羽状复叶有 9～19 枚小叶；托叶宽三角形；小叶卵形至长圆状披针形，先端钝圆或短渐尖。总状花序生 15～40 朵花，密集呈圆柱状；花萼钟状，萼齿钻状，与萼筒近等长；花冠黄色。荚果球状。花期 6～7 月，果期 7～8 月。

产宁夏南华山，生于海拔 2400m 的山顶、沟边草坡。饲用价值优等，各类家畜都喜食。

（10）草木樨状黄芪 *Astragalus melilotoides* Pall.

多年生草本，高 50cm。茎丛生，直立，上部多分枝。奇数羽状复叶，具小叶 5～7 枚，小叶长矩圆形或矩圆状倒披针形，先端截形、圆形或微凹，基部楔形。总状花序叶腋生，具花 5～30 朵，疏散；苞片三角形，先端尖；花萼钟形，萼齿短，三角形；花冠白色或粉红色。荚果宽倒卵状球形，具横纹，无毛。花期 7 月，果期 8 月。

产宁夏贺兰山、罗山及中卫、银川、贺兰、平罗、盐池等市（县），生于山坡、沟旁、田边。饲用价值良等，绵羊和山羊采食嫩茎叶。

（11）细弱黄芪 *Astragalus miniatus* Bge.

多年生矮小草本，高7～15cm。茎自基部分枝，成丛生状，细弱，平卧或斜升。奇数羽状复叶，小叶13～21枚，椭圆状披针形或线形，先端钝，基部楔形，边缘常内卷；托叶三角形。总花梗较叶长，短总状花序生于顶端，具花3～10朵；苞片披针形；花萼钟形，萼齿锥形；花冠淡紫红色。荚果圆柱形，背缝线深凹陷，表面密被白色丁字毛。花期5～6月，果期6～7月。

产宁夏罗山及同心县，生于干旱山坡。生于干山坡向阳草地或草原。饲用价值良等，羊和马喜食。

（12）短龙骨黄芪 *Astragalus parvicarinatus* S. B. Ho

多年生草本，高5～10cm。地上茎短缩。叶丛生状，奇数羽状复叶，具小叶5～7枚，椭圆形或倒卵状椭圆形，先端圆或具小尖头，基部圆形或楔形。花基生，无花梗；萼筒被开展的白色长毛；花白色或淡黄色，子房无毛。花期5月。果未见。

产宁夏银川市和青铜峡，生于半固定沙丘及沙质地。饲用价值良等，牛、羊喜食其嫩枝叶。

（达来拍摄）

（达来拍摄）

（13）多枝黄芪 *Astragalus polycladus* Bur. et Franch.

多年生草本，高35cm。茎丛生，细瘦，直立或斜升。奇数羽状复叶，小叶17～31枚，小叶椭圆形、倒卵状椭圆形或椭圆状披针形；托叶披针形。总状花序叶腋生，具花10～15朵，集生于花序轴顶端，紧密；苞片披针形；花萼钟形，萼齿线形，与萼筒近等长或稍短；花冠堇紫色。荚果倒卵状披针形，先端急尖，果柄较花萼短。花期6～7月，果期7～8月。

产宁夏贺兰山及隆德等县，生于山坡、草地、路边、田埂等处。饲用价值优等，各类家畜均喜食。

（14）糙叶黄芪 *Astragalus scaberrimus* Bge.

多年生草本，高5～17cm。无地上茎。奇数羽状复叶，具小叶18～23枚，椭圆形或卵状椭圆形，先端急尖，基部宽楔形或近圆形。花无梗，多数集生于基部；花萼管状，萼齿线状锥形，长为萼筒的1/3；花冠乳白色，子房有短毛。花期5月。

产宁夏银川市以北地区，生于山坡石砾质草地、草原、沙丘及沿河流两岸的沙地。饲用价值良等，羊、牛、马喜食叶片、花序和果实。

（15）小果黄芪 *Astragalus zacharensis* Bge.

多年生草本，高15～45cm。茎丛生，直立或斜升，具分枝。奇数羽状复叶，小叶19～23枚，椭圆形或披针状椭圆形，先端圆形、近截形或凹，基部楔形至近圆形。总状花序叶腋生，较叶长，花序轴疏被白色和黑色短伏毛，具花7～17朵，较紧密，集生于花序轴的顶端；花萼钟形，萼齿线形；花冠蓝紫色。荚果椭圆形，稍弯，密被白色平伏柔毛，果梗与花萼近等长。花期5～6月，果期6～7月。

产宁夏贺兰山、六盘山、南华山及海原县，生于山坡、草地、路边。饲用价值中等，羊、牛、马喜食。

（16）变异黄芪 *Astragalus variabilis* Bge. ex Maxim.

多年生草本，高10～20cm。茎多数丛生，直立或稍斜升，上部具分枝。奇数羽状复叶，具小叶9～15枚，长椭圆形或狭长椭圆形，先端钝圆或微凹。总状花序叶腋生，较叶长或近等长，具花5～8朵，较紧密；花萼筒形，萼齿锥形；花冠蓝紫色。荚果线形，扁平，弯曲，被白色丁字毛。花期6～7月，果期7～8月。

产宁夏贺兰山及中卫、灵武等市（县），多生于荒漠地区干旱山坡、石质滩地及固定沙丘上。有毒植物，无饲用价值。

12. 蔓黄芪属 *Phyllolobium* Fisch.

牧场蔓黄芪 *Phyllolobium pastorium* (H. T. Tsai et T. T. Yü) M. L. Zhang et Podlech

多年生草本，高15～30cm。茎外倾或平铺。羽状复叶，有7～13枚小叶；小叶互生，椭圆状长圆形。总状花序生7～9朵花；总花梗较叶长；花梗密被黑色毛；小苞片线形；花萼钟状，被褐色毛，萼齿三角状披针形；花冠青紫色；子房有柄，被短柔毛，柱头被簇毛。荚果膨胀，椭圆形，先端尖喙状，具网脉。花期6～7月，果期8～10月。

产宁夏南华山，生于海拔 2400m 的草地、林缘、林下和阴湿场所。

13. 苜蓿属 *Medicago* L.

（1）青海苜蓿 *Medicago archiducis-nicolai* Sirj.

多年生草本，高 20cm。茎平卧或上升，纤细，具棱，多分枝。羽状三出复叶；小叶阔卵形至圆形，基部圆钝，边缘具不整齐尖齿；顶生小叶较大。花序伞形，具花 4～5 朵，疏松；萼钟形，萼齿三角形，与萼筒近等长；花冠橙黄色，中央带紫红色晕纹。荚果长圆状半圆形，扁平，先端具短尖喙。花期 6～8 月，果期 7～9 月。

产宁夏六盘山，生于温性草甸草原。饲用价值优等，绵羊、马喜食。

（2）花苜蓿 *Medicago ruthenica* (L.) Trautv.

多年生草本，高 20～70cm。茎直立、斜升或平卧，多分枝。羽状三出复叶；托叶披针形，全缘或具牙齿；叶片狭卵形或卵状披针形，边缘具细锯齿，基部全缘。总状花序叶腋生，总花梗长于叶，花 6～12 朵，密集于花序轴上部呈头状；花萼钟形，萼齿三角状披针形，稍短于萼筒或与之等长；花冠黄色，具紫色纹。荚果扁平，矩圆状椭圆形，先端具短喙，网脉明显。花期 7～8 月，果期 8～9 月。

产宁夏六盘山、贺兰山、南华山、麻黄山及中卫市，多生于干旱山坡、路边或山坡草地。饲用价值优等，各类家畜终年喜食。

豆科 Leguminosae

14. 野豌豆属 *Vicia* L.

（1）山野豌豆 *Vicia amoena* Fisch. ex DC.

多年生草本，高30~100cm。茎直立或攀援，有棱。偶数羽状复叶具小叶8~14枚，叶轴末端成分枝的卷须；小叶椭圆形或倒卵状椭圆形，先端圆或微凹，具小尖头，基部圆形；托叶半箭头形，具齿牙。总状花序叶腋生，与叶等长或较叶长，花序轴疏被柔毛，具花15~30朵，生于花序轴的上部；花萼斜钟形，长为萼筒的一半或稍长；花冠紫红色。荚果矩圆状菱形，无毛。花期6~8月，果期8~9月。

产宁夏六盘山及南华山，生于山谷、林缘、灌丛、路边、草地。饲用价值优等，各类家畜四季喜食。

（2）歪头菜 *Vicia unijuga* A. Br.

多年生草本，高40~100cm。茎直立，多从基部分枝或呈丛生状，四棱形。偶数羽状复叶，具小叶2枚，小叶椭圆形、长椭圆形、卵状披针形或近菱形，先端钝而具小尖头，基部楔形；叶轴末端成刺状，托叶半箭头形，具数牙齿。总状花序顶生和腋生，比叶长，具花5~20朵，侧向排列于总花梗的上部；萼钟形，萼齿5，下萼齿长，披针形，上萼齿短，三角形；花冠紫红色。荚果扁平，狭长圆形，先端具短喙。花期6~8月，果期8~9月。

产宁夏六盘山及西吉县的火石寨，生于海拔1700~2600m的高山林缘、灌丛、沟边。饲用价值优等，各类家畜四季喜食。

（3）广布野豌豆 *Vicia cracca* L.

多年生草本，高 40～150cm。茎攀援。偶数羽状复叶，叶轴末端成分枝的卷须；小叶 14～24 枚，矩圆状长椭圆形、披针形至线状披针形，先端圆钝或急尖，具小尖头，基部圆形；托叶披针形。总状花序叶腋生，与叶等长或稍长，具花 15～30 朵，生于花序轴上部；花萼钟形，下面一个萼齿最长，三角状披针形，上面的萼齿短，三角形；花冠蓝紫色或紫色。荚果矩圆形，两端尖。花期 6～8 月，果期 7～10 月。

产宁夏六盘山，生于林缘、灌丛、草地。饲用价值优等，各类家畜四季喜食。

（4）野豌豆 *Vicia sepium* L.

多年生草本，高 30～100cm。茎柔细斜升或攀援，具棱。偶数羽状复叶，叶轴顶端卷须发达；托叶半戟形，有 2～4 裂齿；小叶 5～7 对，长卵圆形或长圆披针形，先端钝或平截，微凹，有短尖头，基部圆形。短总状花序，花 2～4 朵腋生；花萼钟状，萼齿披针形或锥形，短于萼筒；花冠红色或近紫色至浅粉红色。荚果宽长圆状。花期 6 月，果期 7～8 月。

产宁夏六盘山，生于海拔 1000～2200m 山坡、林缘草丛。饲用价值优等，各类家畜喜食。

豆科 Leguminosae | 91

15. 山黧豆属 *Lathyrus* L.

（1）牧地山黧豆 *Lathyrus pratensis* L.

多年生草本，高30～100cm。茎直立或攀援，四棱形，具纵条纹，被柔毛，多分枝。具小叶1对，小叶披针形或长圆状披针形，先端渐尖，基部楔形；托叶较大，箭头形，先端渐尖，基部不对称；卷须分枝。总状花序叶腋生，具花4～8朵；花萼斜钟形，萼齿披针形，与萼筒等长或稍长，先端渐尖；花冠黄色。荚果圆筒状。花期6～7月，果期8～10月。

产宁夏六盘山及南华山，多生于海拔1700～2200m的山坡灌丛、林缘或草地。饲用价值优等，各类家畜四季喜食。

（2）山黧豆 *Lathyrus quinquenervius* (Miq.) Litv.

多年生草本，高20～50cm。茎直立或斜升，具窄翅。下部叶具小叶1对，上部叶具小叶2～3对，叶片披针形，先端急尖或钝，具小尖头，基部楔形；叶轴两侧具窄翅；卷须单一，下部叶卷须较短。总状花序叶腋生，具花2～5朵；花萼钟形，上萼齿短，三角形，下萼齿与萼筒近等长或稍短，披针形；花冠蓝紫色。荚果长圆状线形。花期6～8月，果期8～9月。

产宁夏六盘山，多生于阴坡草地、林缘、路旁、草甸。饲用价值优等，各类家畜四季喜食。

十五　远志科　Polygalaceae

远志属　*Polygala* L.

（1）西伯利亚远志 *Polygala sibirica* L.

多年生草本，高10～30cm。茎丛生。叶椭圆形或卵圆形。总状花序顶生或腋生，花稀疏，生于一侧；萼片5枚，披针形；花瓣3片，2侧生花瓣长倒卵形，里面基部被短绒毛，中间龙骨状花瓣较侧生花瓣长，背部顶端具流苏状缨；雄蕊8枚。蒴果扁，倒心形，顶端凹陷，周围具翅，边缘具短睫毛。花期6～7月，果期8～9月。

产宁夏贺兰山、六盘山、罗山和南华山，生于向阳山坡草地、林缘、灌丛中。饲用价值中等，牛、羊均采食。

（2）远志 *Polygala tenuifolia* Willd.

多年生草本，高20～40cm。茎丛生，直立或斜升。叶互生，线状披针形至狭线形，全缘。总状花序顶生或腋生，基部有3个苞片，披针形；萼片5枚，宿存；花瓣3片，2个侧瓣倒卵形，内侧基部稍有毛，中间龙骨状花瓣，背部顶端具流苏状缨；雄蕊8枚。蒴果扁圆形，顶端微凹，边缘有狭翅。花期7～8月，果期8～9月。

产宁夏贺兰山、罗山及银川、盐池等市（县），生于干旱山坡、草地、路旁。饲用价值低等，青绿期牛、羊采食，秋霜后羊、牛均乐食。

十六 蔷薇科 Rosaceae

1. 委陵菜属 *Potentilla* L.

（1）星毛委陵菜 *Potentilla acaulis* L.

多年生草本，高15cm。茎自基部分枝。掌状三出复叶，倒卵形或长圆状倒卵形。聚伞花序，萼裂片卵形；花瓣黄色，倒卵圆形。瘦果肾形，表面具皱纹。花期6～7月，果期8～9月。

产宁夏罗山、南华山、月亮山及同心、盐池等县，生于向阳山坡。饲用价值低等，春季仅绵羊、山羊采食嫩枝叶和花。

（2）委陵菜 *Potentilla chinensis* Ser.

多年生草本，高20～70cm。奇数羽状复叶，基生叶多数，丛生；具小叶9～25枚；小叶无柄，长椭圆形或长椭圆状披针形，边缘羽状深裂，裂片三角状披针形，先端尖，边缘稍反卷；顶生小叶片较大，向下渐次变小。聚伞花序顶生，具多数花；副萼片线形；萼裂片卵状披针形或狭卵形；花瓣黄色，宽倒卵形或近圆形。瘦果卵形。花果期6～8月。

产宁夏六盘山及固原市原州区、隆德、盐池等市（县），生于山坡、沟边、林缘、灌丛或疏林下。饲用价值中等，羊乐食，牛、马采食。

(3) 莓叶委陵菜 Potentilla fragarioides L.

多年生草本，高8～25cm。茎常丛生，近直立或倾斜。奇数羽状复叶，基生叶具长柄，具小叶5～9枚，顶端3枚小叶大，下部小叶小，椭圆状卵形或菱形，先端急尖，基部楔形，边缘具尖锐齿；托叶卵形。伞房聚伞花序具多花；花黄色；萼裂片宽卵形，与副萼片几等长；花瓣倒卵形。瘦果卵形。花期4～5月，果期6～7月。

产宁夏六盘山，生于山坡、草地或林下。饲用价值低等，春季马、羊喜食，牛也采食。

(4) 多茎委陵菜 Potentilla multicaulis Bge.

多年生草本，高7～35cm。基生叶多数，丛生，羽状复叶，具小叶9～13枚，小叶无柄，长椭圆形，边缘羽状深裂，裂片5～13，长椭圆形或线形，先端钝，边缘稍反卷；茎生叶有小叶3～9片。聚伞花序，花黄色；副萼片长卵形；萼裂片卵状三角形；花瓣宽倒卵形或近圆形，先端微凹。瘦果褐色。花期5～6月。

产宁夏贺兰山、罗山、六盘山及固原市，生于向阳山坡、草地或路边。饲用价值中等，四季各类家畜采食。

蔷薇科 **Rosaceae**

（5）多裂委陵菜 *Potentilla multifida* L.

多年生草本。茎斜升。基生叶羽状复叶，具3~5对小叶片，小叶片长椭圆形或宽卵形，羽状深裂几达中脉，裂片线形或线状披针形，边缘常反卷；茎生叶2~3枚，与基生叶相似；托叶卵形或卵状披针形，2裂或全缘。伞房状聚伞花序；副萼片披针形或椭圆状披针形。萼片三角状卵形，比副萼片稍长或等长；花瓣倒卵形，黄色，顶端微凹。瘦果平滑或具皱纹。花期5~8月。

产宁夏贺兰山及石嘴山等市（县），生于林下和山坡、沟谷草地。饲用价值中等，羊、马、驴采食。

（6）掌叶多裂委陵菜 *Potentilla multifida* var. *ornithopoda* (Tausch) Wolf

本变种与正种的区别在于叶呈掌状复叶，小叶片5，羽状深裂几达中脉。

产宁夏贺兰山、罗山和六盘山，生于山坡草地、灌丛或林缘。饲用价值中等，羊、马、驴采食。

(7) 雪白委陵菜 *Potentilla nivea* L.

多年生草本，高 25cm。掌状三出复叶，小叶椭圆形或卵形，先端圆钝，基部宽楔形，边缘具圆钝锯齿。聚伞花序顶生；花黄色；副萼片披针形，萼片三角状卵形；花瓣宽倒卵形，先端微凹。花期 7～8 月，果期 8～9 月。

产宁夏贺兰山，生于海拔 2800～3500m 高山草甸和灌丛。饲用价值良等，羊乐食。

(8) 西山委陵菜 *Potentilla sischanensis* Bge. ex Lehm.

多年生草本，高 10～30cm。茎多数丛生。奇数羽状复叶，具小叶 7～13 枚，小叶无柄，长椭圆形、椭圆形或宽卵形，具 3～13 个羽状深裂片，裂片椭圆形或三角状卵形，先端钝，全缘，背面密被毡毛；茎生叶具小叶 3～5 枚；托叶椭圆形。聚伞花序，花排列稀疏；副萼片长椭圆形；萼片宽卵形，稍长于副萼片；花瓣黄色，宽倒卵形，先端微凹。瘦果红褐色，无毛。花期 5～6 月。

产宁夏贺兰山及固原市，生于向阳山坡、黄土丘陵、草地及灌丛中。饲用价值中等，羊、牛、马、驴采食。

蔷薇科 Rosaceae | 97

（9）菊叶委陵菜 Potentilla tanacetifolia Willd. ex Schlecht.

多年生草本，高15~65cm。茎直立或开展。奇数羽状复叶，具小叶7~13枚，倒卵状矩圆形，先端钝，基部楔形，边缘具锐锯齿，顶生小叶片较大，向下渐次变小；基生叶羽状复叶；茎生叶通常具小叶5~7枚。伞房状聚伞花序具多花；花黄色；副萼片线状披针形；萼裂片三角状卵形，与副萼近等长；花瓣黄色，宽倒卵形或近圆形，先端微凹。瘦果矩圆状卵形。花期6~8月，果期8~9月。

产宁夏六盘山及南华山，生于向阳山坡草地或草原。饲用价值中等，春季绵羊、山羊采食嫩枝叶，夏秋季牛、马采食。

2. 蕨麻属 *Argentina* Hill

蕨麻 *Argentina anserina* (L.) Rydb.

多年生草本，高15cm。具匍匐茎。奇数羽状复叶，基生叶具小叶9~19枚，小叶片卵状矩圆形或椭圆形，边缘具缺刻状深锯齿，下面密生白色绒毛。花单生于基生叶丛中或匍匐茎的叶腋；副萼片狭椭圆形，全缘或具浅锯齿；萼片卵形，全缘，稍长于副萼；花瓣黄色，宽倒卵形，全缘。瘦果卵圆形。花期5~7月。

宁夏全区普遍分布，多生于沟渠旁、田边及低山草地。饲用价值中等，羊全年喜食，牛、马、驴均采食。

3. 金露梅属　*Dasiphora* Raf.

（1）金露梅 *Dasiphora fruticosa* (L.) Rydb.

小灌木，高200cm。奇数羽状复叶，通常具5枚小叶，小叶无柄，小叶片倒卵形、倒卵状椭圆形或椭圆形；托叶卵状披针形。花单生叶腋或成伞房花序；花黄色；副萼片线状披针形；萼片三角状长卵形，与副萼片近等长；花瓣宽倒卵形至近圆形，长出萼片1倍。瘦果卵圆形。花期6～8月，果期8～10月。

产宁夏贺兰山、罗山及南华山，生于海拔2200～2500m向阳山坡、灌丛、路旁及石崖上。饲用价值低等，春、秋、冬季羊乐食。

（2）银露梅 *Dasiphora glabra* (G.Lodd.) Soják

小灌木，高200cm。奇数羽状复叶，连叶柄，具5枚小叶，小叶椭圆形或倒卵状长圆形；托叶膜质，卵状披针形。花单生叶腋或成伞房花序；花白色；副萼片倒卵状披针形；萼片长卵形或三角状长卵形，先端渐尖；花瓣宽倒卵形或近圆形。花期5～7月，果期7～9月。

产宁夏贺兰山、六盘山、罗山及南华山，多生于海拔2500～2900m山地灌丛、路边。饲用价值低等，羊乐食，牛采食其叶。

（3）小叶金露梅 Dasiphora parvifolia (Fisch. ex Lehm.) Juz.

小灌木，高150cm。奇数羽状复叶，小叶倒披针形、倒卵状披针形至长椭圆形，先端尖，基部楔形，全缘。花单生或成伞房花序；花黄色，副萼片线状披针形，先端尖，萼片卵形，黄绿色，先端锐尖；花瓣宽倒卵形。花期6～7月，果期8～10月。

产宁夏贺兰山及南华山，生于海拔1500～2900m干旱山坡。饲用价值低等，春季马、羊喜食，牛也采食。

4. 毛莓草属 Sibbaldianthe L.

（1）毛莓草（伏毛山莓草）Sibbaldianthe adpressa (Bunge) Juz.

多年生草本，高1.5～12cm。奇数羽状复叶，具5枚小叶，顶端3小叶基部下延与叶轴合生或呈3深裂状，顶生小叶大，倒卵状矩圆形，先端具3齿牙，基部楔形，全缘；侧生小叶片较小，长椭圆形或披针形，先端尖，基部渐狭；茎生叶具3～5枚小叶。花单生叶腋或成具少数花的聚伞花序；萼片卵形，与副萼等长或稍长；花瓣宽倒卵形，白色；雄蕊8个。瘦果卵形，无毛。花果期5～7月。

产宁夏贺兰山、罗山、彭阳、中卫、海原、盐池、同心等市（县），生于海拔2300m左右的向阳干旱山坡草地。饲用价值低等，青绿期仅山羊、绵羊采食。

（2）二裂委陵菜 *Sibbaldianthe bifurca* (L.) Kurtto & T.Erikss.

多年生草本，高5～20cm。茎多平铺，自基部多分枝。羽状复叶，基生叶具小叶9～13枚，小叶对生，椭圆形或倒卵状矩圆形，先端常2裂或圆钝全缘；茎生叶通常具小叶3～7枚。聚伞花序顶生，具花3～5朵；花黄色；萼裂片长圆状卵形，较副萼稍长；花瓣宽倒卵形。瘦果。花期5～6月，果期7～8月。

产宁夏贺兰山、罗山、六盘山及盐池、灵武、吴忠、固原等市（县）。多生于山坡、草地、田野、路旁。饲用价值中等，绵羊、山羊乐食，牛、马采食。

十七　荨麻科　Urticaceae

荨麻属　*Urtica* L.

麻叶荨麻（焮麻，蝎子草）*Urtica cannabina* L.

多年生草本，高50～150cm。具匍匐根茎。茎直立，具纵棱，被螫毛。单叶对生，掌状3全裂，裂片羽状深裂；叶柄被螫毛。花单性，雌雄同株或异株；花序聚伞状，被螫毛；雄花花被片4枚，雄蕊与花被片同数且对生；雌花花被片4枚，基部三分之一合生，背面生螫毛，2片背生的花后增大。瘦果宽椭圆状卵形。花期6月，果期9月。

产宁夏贺兰山、罗山、六盘山、南华山和月亮山等处，多生于海拔2400m左右的干旱山坡、路边及村庄附近。饲用价值中等，秋冬季马、牛、羊、骆驼等各种畜禽均喜食。

十八 大戟科 Euphorbiaceae

大戟属 *Euphorbia* L.

（1）乳浆大戟 *Euphorbia esula* L.

多年生草本，高 30～60cm。茎丛生，直立，单一或上部具分枝，具纵棱，无毛。叶互生，线形、线状倒披针形或线状披针形，全缘，两面无毛；营养枝上的叶较密集而狭小；无柄。总花序顶生，轮生苞叶 5～10 个，苞叶线状椭圆形或卵状披针形，其上生 6～10 个伞梗，茎上部叶腋生单梗，每伞梗顶端再生 1～4 个小伞梗；小苞片及苞片三角状宽菱形或宽菱形；杯状总苞倒圆锥形，先端 4 裂，腺体 4 个，新月形，两端具尖角；子房圆形，柱头 3 裂，顶端再 2 裂。蒴果扁球形，光滑无毛。花期 5～6 月，果期 6～7 月。

产宁夏六盘山、罗山、贺兰山、固原和盐池、灵武等地，多生于干旱山坡、草地或路边。饲用价值低等，干枯后仅山羊、绵羊采食花序。

（2）地锦 *Euphorbia humifusa* Willd.

一年生草本，高 4.5～17cm。茎纤细，平卧，多分枝，常带紫红色，无毛。叶对生，长圆形或倒卵状长圆形，先端圆钝，基部偏斜，边缘具浅细锯齿。杯状聚伞花序单生于小枝叶腋，总苞倒圆锥形，边缘 4

裂，裂片膜质，长三角形，具齿裂，腺体4个，横长圆形；雄花极小，5～8朵；子房3室，具3纵沟，花柱3个，短小，顶端2裂。蒴果三棱状球形，无毛，光滑。种子卵形，褐色。花期6～7月，果期8～9月。

宁夏全区普遍分布，多生于山坡荒地、沙质地、河滩地或农田中。饲用价值中等，牛、马、羊采食。

（3）沙生大戟 *Euphorbia kozlovii* Prokh.

多年生草本，高15～21cm。茎单生，直立，上部假二歧式分枝。叶椭圆形或卵状椭圆形，全缘；营养枝上的叶线形；总花序顶生，轮生苞叶3枚，三角状披针形，其上生3个伞梗，每伞梗顶成2～4回假二叉分枝式，最顶端的分枝成具线形叶的营养枝；杯状聚伞花序生于枝杈间；杯状总苞宽钟形，顶端4裂，裂片膜质，先端齿裂，腺体4个，椭圆形或微肾形，子房球形，花柱3个，反卷，柱头微2裂。蒴果卵状矩圆形，灰蓝色，平滑无毛。种子光滑。花期5～7月，果期6～8月。

产宁夏罗山及同心、吴忠、中宁、灵武、盐池等市（县），多生于向阳干旱山坡及沙质地。饲用价值低等，干枯后仅山羊、绵羊采食花序。

十九　亚麻科　Linaceae

亚麻属　*Linum* L.

垂果亚麻　*Linum nutans* Maxim.

多年生草本，高20～40cm。茎多数丛生，直立，中部以上叉状分枝。茎生叶互生或散生，狭条形或条状披针形，长10～25mm，宽1～3mm，边缘稍卷，无毛。聚伞花序，花蓝色或紫蓝色；花梗纤细，长1～2cm，直立或稍偏向一侧弯曲；萼片5枚，卵形；花瓣5枚，倒卵形，先端圆形，基部楔形；雄蕊5枚，退化雄蕊5枚，锥状，与雄蕊互生；子房5室，卵形；花柱5个，分离，柱头头状。蒴果近球形。种子长圆形，褐色，花期6～7月，果期7～8月。

产宁夏同心、海原、彭阳等县，生于山坡草地、荒地、砾石滩地或沙质地。饲用价值中等，幼嫩期羊、牛、马喜食，结实后羊、牛、马仅采食花序和果实。

二十　牻牛儿苗科　Geraniaceae

1. 老鹳草属　*Geranium* L.

（1）粗根老鹳草　*Geranium dahuricum* DC.

多年生草本，高20～60cm。根下部生有一簇长纺锤形的肉质块根。茎直立。叶对生，叶片肾状圆形，掌状7深裂几达基部，小裂片披针形或线状椭圆形；托叶狭卵形，先端常2裂，具芒尖，淡褐色。花序叶腋生，具2朵花；苞片披针形，先端长渐尖；萼片长椭圆形；花瓣倒卵形，紫红色，先端圆，基部渐狭且具白色密毛；花丝基部扩展部分具缘毛。蒴果被毛。花期7月，果期8～9月。

产宁夏六盘山及南华山，生于海拔2500m左右的山地草甸或亚高山草甸。饲用价值中等，春季羊、牛、马采食。

（2）草地老鹳草 *Geranium pratense* L.

多年生草本，高 50cm。茎直立或斜升。叶对生，肾状圆形，通常 7 深裂几达基部，裂片菱状卵形或菱状楔形，裂片羽状深裂，小裂片线状椭圆形或披针形；顶端叶片 3～5 深裂；基生叶具长柄，茎生叶具短柄，顶生叶几无柄；托叶披针形。聚伞花序顶生或腋生，萼片长椭圆形或卵状长椭圆形；花瓣宽倒卵形，蓝紫色。蒴果。花期 6～7 月，果期 7～9 月。

产宁夏六盘山，生于山地草甸和亚高山草甸。饲用价值中等，羊、马、牛喜食叶片和花序。

（3）鼠掌老鹳草 *Geranium sibiricum* L.

多年生草本，高 30～70cm。茎细弱，伏卧或上部斜升。叶对生；下部叶宽肾状五角形，掌状 5 深裂，基部宽心形；裂片倒卵状楔形或倒卵状菱形，具羽状深裂及齿状深缺刻；上部叶 3 深裂。花单生，稀 2 朵，腋生或顶生，花梗近中部具 2 披针形苞片，果期花梗常弯曲；萼片长卵形；花瓣稍长于萼片，倒卵形，白色或淡紫红色，基部渐狭成爪，基部微有毛；花丝基部扩展部分具缘毛；花柱合生部分极短。花期 6～7 月，果期 7～9 月。

宁夏全区均有分布，生于山坡草地、林缘、荒地、田边和路旁。饲用价值中等，青绿或开花后羊喜食，马、牛乐食，枯黄后各类牲畜仍采食。

2. 牻牛儿苗属 *Erodium* L'Hér. ex Aiton

牻牛儿苗 *Erodium stephanianum* Willd.

一年生或二年生草本，高 15～50cm。茎多分枝，平铺或斜升。叶对生，叶片卵形或椭圆状三角形，2 回羽状深裂；1 回羽片 5～7 个，基部下延；小羽片线形，具 3～5 个粗齿；托叶线状披针形。伞形花序叶腋生，具 2～5 朵花；萼片长椭圆形；花瓣倒卵形，淡紫色或紫蓝色，先端钝圆，基部具白色长柔毛。蒴果，成熟时 5 果瓣与中轴分离，喙呈螺旋状卷曲。花期 4～5 月，果期 6～9 月。

宁夏全区均有分布，生于山坡草地、砂质河滩地、田边和路旁。饲用价值良等，牛、羊喜食。

二十一 白刺科 Nitrariaceae

骆驼蓬属 *Peganum* L.

（1）**多裂骆驼蓬** *Peganum multisectum* (Maxim.) Bobrov

多年生草本，高 80cm。茎直立或斜升，多由基部分枝，具纵棱。叶稍肉质，2 回羽状全裂，裂片线形，先端锐尖，边缘稍反卷。花单生；萼片常 5 全裂，裂片线形，稀 3 全裂，稍长于花瓣；花瓣白色或浅黄色，倒卵状矩圆形；雄蕊 15 枚，花丝中下部宽扁；子房 3 室，柱头 3 棱形。蒴果近球形，褐色，3 瓣裂。种子黑褐色，具蜂窝状网纹。花期 6～7 月，果期 7～8 月。

产宁夏贺兰山、罗山、南华山及同心、西吉、海原等市（县），生于干旱山坡、沙地及盐碱荒地。饲用价值中等，青绿时仅骆驼喜食。霜降后大家畜均乐食。

（2）骆驼蓬 Peganum harmala L.

多年生草本，高70cm。茎直立或开展，由基部多分枝。叶互生，卵形，全裂为3～5条形或披针状条形裂片。花单生枝端，与叶对生；萼片5枚，裂片条形，有时仅顶端分裂；花瓣黄白色，倒卵状矩圆形；雄蕊15枚，花丝近基部宽展；子房3室，花柱3个。蒴果近球形，种子三棱形，稍弯，黑褐色、表面被小瘤状突起。花期5～6月，果期7～9月。

产宁夏中宁县，生于荒漠地带干旱草地、田边或沙丘。饲用价值低等，青绿时仅骆驼喜食。干草骆驼、羊乐食。

（3）骆驼蒿 Peganum nigellastrum Bge.

多年生草本，高30～60cm。全株被短硬毛。茎丛生，灰黄色，直立、斜升或基部平铺，具纵棱，被短硬毛。叶稍肉质，2～3回羽状全裂，裂片针状线形，先端渐尖，背面及边缘被短硬毛。花单生，顶生或腋生；萼片稍长于花瓣，5～7全裂，裂片针形，疏被短硬毛；花瓣白色或淡黄色，椭圆形或矩圆形；雄蕊15个；子房3室，柱头3棱形。蒴果近球形，黄褐色，3瓣裂。种子纺锤形，黑褐色，具疣状小突起。花期5～7月，果期6～8月。

宁夏全区普遍分布，多生于沙地、砾质地、黄土丘陵、路边及村庄附近。饲用价值低等，青鲜期仅山羊、绵羊少食；干旱缺草时骆驼、羊采食。

二十二 瑞香科 Thymelaeaceae

1. 狼毒属 *Stellera* L.

狼毒 *Stellera chamaejasme* L.

多年生草本，高 20～50cm。根粗大，圆锥形。茎丛生。叶互生，较密，椭圆状披针形至卵状披针形，先端急尖，基部楔形或近圆形，全缘，边缘稍反卷。头状花序顶生，具多数花；花萼筒紫红色，具明显纵脉纹，裂片 5，卵圆形，先端圆，粉红色，具紫红色脉纹；无花瓣；雄蕊 10 枚，2 轮，着生于萼筒喉部和中部稍上；子房椭圆形，花柱短，柱头头状。小坚果卵形。花期 6～7 月，果期 7～8 月。

产宁夏罗山和固原市。多生于向阳黄土丘陵或路旁。有毒植物，无饲用价值。

2. 瑞香属 *Daphne* L.

黄瑞香（祖师麻）*Daphne giraldii* Nitseche

落叶灌木，高 45～70cm。叶互生，倒披针形或线状倒披针形，先端急尖，具小尖头，基部渐狭，全缘，边缘常反卷，主脉在下面明显隆起。头状花序生小枝顶端，具 3～5 朵花，总花梗和花梗极短，无毛；花萼筒形，裂片 4，卵形或狭卵形，黄色；无花瓣；雄蕊 8 枚，2 轮，着生于萼筒喉部及近中部；雌蕊倒卵圆形，花柱短，柱头头状。核果卵形，红色。花期 7 月，果期 8 月。

产宁夏六盘山及南华山，生于海拔 2000～2800m 向阳山坡或灌丛中。

二十三　半日花科　Cistaceae

半日花属　*Helianthemum* Mill.

半日花 *Helianthemum songaricum* Schrenk

矮小灌木。单叶对生，革质，具短柄或几无柄，披针形或狭卵形，全缘，边缘常反卷，中脉稍下陷；托叶钻形，线状披针形。花单生枝顶；萼片5枚，背面密生白色短柔毛，不等大，外面的2片线形，内面的3片卵形，背部有3条纵肋；花瓣黄色，淡橘黄色，倒卵形；雄蕊长约为花瓣的1/2，花药黄色。蒴果卵形。花果期8~9月。

产宁夏青铜峡，生于砾石质或沙质的草原化荒漠。

二十四　十字花科　Cruciferae

1. 念珠芥属　*Neotorularia* Hedge & J. Léonard

蚓果芥 *Neotorularia humilis* (C.A.Mey.) B.L.Rob.

多年生草本，高12cm。茎具纵棱。叶倒披针形，两面被分叉毛。总状花序顶生，萼片直立，椭圆形，背面被叉状毛；花瓣倒卵形，白色或淡紫色，先端截形，基部渐狭成爪。长角果线形，密被分叉状毛，呈念珠状。花果期5~8月。

产宁夏贺兰山、罗山、南华山以及盐池、固原市原州区、西吉等市（县），多生于向阳山坡。饲用价值中等，牛、马和羊采食。

2. 连蕊芥属 *Synstemon* Botsch.

连蕊芥 *Synstemon petrovii* Botsch.

一年生或二年生草本。茎直立，或外斜，有分枝，被单毛或分叉毛。基生叶羽状深裂；向上叶渐变小，最上部叶线形。总状花序，花多数，无苞片；萼片卵圆形，顶端钝，具白色膜质边缘，无毛；花瓣白色，倒卵形，先端圆，基部渐狭成短爪，爪具纤毛；两长雄蕊花丝下半部连合；子房被毛。长角果线形。花果期4~6月。

产宁夏青铜峡、中宁、中卫等市（县），生于石质山坡或固定沙丘。

3. 葶苈属 *Draba* L.

葶苈 *Draba nemorosa* L.

一年生或二年生草本，高45cm。茎直立，单一或丛生，淡绿色，上部无毛，下部被单毛、叉状毛和星状毛。基生叶莲座状，倒卵状长圆形；茎生叶互生，无柄，卵形，两面被毛。总状花序顶生，萼片椭圆形，边缘白色；花瓣倒卵形，黄色，先端微凹。果序极伸长，水平伸展；短角果椭圆形，密被平贴短柔毛或无毛。花期5~6月，果期6~7月。

产宁夏六盘山、罗山、贺兰山及固原市，生于林缘、路旁、田边、荒地。饲用价值低等，幼嫩期羊、牛、马采食。

4. 独行菜属　*Lepidium* L.

独行菜 *Lepidium apetalum* Willd.

一年生或二年生草本，高30cm。茎多分枝。基生叶平铺地面，羽状浅裂，茎生叶狭披针形。总状花序，萼片卵圆形，边缘白色膜质；花瓣白色，长圆形；雄蕊2枚，位于子房两侧，与萼片等长。短角果扁平，近圆形，具狭翅，2室，每室含1粒种子。花期4～5月，果期5～6月。

宁夏全区普遍分布，多生于山坡、路旁、荒地、田边及村庄附近。饲用价值中等，青绿期各种家畜均采食，因辛辣味，采食率低。

5. 菥蓂属　*Thlaspi* L.

菥蓂 *Thlaspi arvense* L.

一年生草本，高60cm，全株无毛。茎直立，淡绿色，具纵条棱。基生叶椭圆形，早枯萎；茎生叶倒披针形，基部箭形，抱茎。总状花序，萼片斜升，卵形，边缘白色膜质；花瓣白色，矩圆形，先端圆形或微凹，基部具爪。短角果圆形，扁平，周围有翅，先端凹缺，扁平。花期5～6月，果期6～7月。

产宁夏贺兰山、罗山及固原市，生于路旁、草地、田间及村庄附近。有毒植物，无饲用价值。

二十五　柽柳科　Tamaricaceae

红砂属　*Reaumuria* L.

（1）红砂（琵琶柴）*Reaumuria soongarica* (Pall.) Maxim.

矮小灌木，高30～70cm。叶常3～5枚簇生，肉质，鳞片状，短圆柱状或倒披针状线形，先端钝，浅灰绿色，具腺体。花单生叶腋或在小枝上集成疏松的穗状；花小型，无柄，花萼钟形，中下部连合，上部5齿裂，裂片三角状卵形，边缘膜质；花瓣5片，粉红色或白色，矩圆形，先端钝，弯曲成兜形，基部狭楔形，里面中下部具2矩圆形鳞片，雄蕊通常6枚离生，与花瓣近等长；子房长椭圆形，花柱3个。蒴果长圆状卵形；种子长矩圆形。花期7～8月，果期8～9月。

产宁夏贺兰山山麓及中卫、中宁、青铜峡、银川、平罗、石嘴山、盐池、同心、海原等市（县），生于砾质戈壁、荒漠草原及潮湿的盐碱地。饲用价值中等，骆驼四季均喜欢采食，羊在青鲜时采食，牛、马基本不采食。

（2）黄花红砂（黄花琵琶柴）*Reaumuria trigyna* Maxim.

小灌木，高30cm。叶肉质，圆柱形，常2～5个簇生，先端圆，微弯曲。花单生叶腋，花梗纤细；苞片宽卵形，基部扩展，先端短突尖，覆瓦状排列，密接于花萼基部；萼片5枚，离生，与苞片同形，几同大；花瓣5片，黄色，矩圆状倒卵形，里面下部具2个鳞片状附属物；雄蕊15枚；子房倒卵形，花柱3个，长于子房。蒴果矩圆形。花期7～8月，果期8～9月。

产宁夏贺兰山、牛首山及贺兰山东麓山前洪积扇上；多生于干旱石质山坡及砾石滩地。饲用价值中等，骆驼、羊喜食其嫩枝叶。

二十六　白花丹科　Plumbaginaceae

补血草属　*Limonium* Mill.

（1）黄花补血草 *Limonium aureum* (L.) Hill.

多年生草本，高40cm。全株无毛。叶基生，矩圆状匙形至倒披针形，顶端圆钝，具小尖头，基部渐狭成扁平的叶柄。穗状花序生于分枝顶端，组成伞房状圆锥花序；花萼漏斗状，被细硬毛，萼裂片5，三角形，先端具1小芒尖，金黄色；花瓣橙黄色，基部合生；雄蕊5枚；子房倒卵形，柱头丝状圆柱形。蒴果倒卵状矩圆形，具5棱。花期6～8月，果期7～9月。

宁夏全区有分布，生于沟渠边及低洼盐碱地上。饲用价值中等，幼嫩期仅牛、羊采食；冬季干枯后，各类家畜喜食。

（2）二色补血草 *Limonium bicolor* (Bunge) Kuntze

多年生草本，高50cm。叶基生，匙形、倒卵状匙形至矩圆状匙形，先端圆钝，具短尖头，基部渐狭成柄，两面无毛。穗状花序着生于小枝顶端，较密集，组成顶生圆锥花序；花萼漏斗状，沿脉密被细硬毛，边缘5裂，裂片宽三角形，先端圆钝，裂片间具小褶，白色；花冠黄色，基部合生，顶端微凹，与萼近等长；雄蕊5枚；子房倒卵圆形，花柱5个，离生。花期5～7月，果期6～8月。

宁夏全区有分布，生于沙质地、砾石滩地或轻度盐碱地。饲用价值低等，生长期一般家畜不采食，仅羊采食花序；冬季仅羊食其叶子。

（3）细枝补血草 *Limonium tenellum* (Turcz.) Kuntze

多年生草本，高30cm。叶基生，质厚，矩圆状匙形或线状倒披针形，先端圆或急尖，具短尖，基部渐狭成柄。穗状花序着生于分枝顶端，组成伞房状圆锥花序；花萼漏斗状，淡紫色后变白色，边缘5裂，裂片三角形，先端急尖，具短芒尖，边缘具不整齐的细锯齿，裂片间具褶；花冠淡紫红色；雄蕊5枚；子房倒卵圆形，柱头丝状圆柱形。花期6～8月，果期7～9月。

产宁夏贺兰山、牛首山和中卫，生于干旱石质山坡、砾石滩地或沙质地。饲用价值中等，羊采食。

二十七　蓼科　Polygonaceae

1. 大黄属　*Rheum* L.

单脉大黄 *Rheum uninerve* Maxim

多年生草本，高15～30cm。根肉质，肥厚。叶基生2～4片，叶片近革质，卵形，边缘具较弱的皱波及不整齐的波状齿，叶脉为掌状的羽状脉。圆锥花序1～3个，自根状茎顶部抽出；苞片小，三角状卵形；花小，白色，花被片6，排成2轮，外轮3片较小，椭圆形，内轮3片较大，宽椭圆形；雄蕊9枚；子房三棱形，花柱长而反曲，柱头头状。小坚果宽椭圆形，沿棱具宽翅，花被宿存。花期6～7（8）月，果期8～9月。

产宁夏贺兰山、罗山、石嘴山、青铜峡、中卫市和灵武市，生于石质山坡及丘陵坡地。饲用价值低等，青嫩期仅骆驼采食，秋季和冬春干枯叶羊采食。

2. 酸模属 *Rumex* L.

皱叶酸模 *Rumex crispus* L.

多年生草本，高100cm。根肥厚。茎直立，单生，具纵沟纹，带红色。叶片长圆状披针形，两面无毛。花两性，多数花簇轮生；花序狭圆锥状；外轮花被片椭圆形，内轮花被片果时增大，宽卵形，具瘤状物，小瘤卵形，橘黄色，雄蕊6个，柱头3个，画笔状。小坚果卵状3棱形，包藏于内花被片内。花期6月，果期7月。

宁夏普遍分布，生于田边、路旁、湿地或水边。饲用价值良等，各类家畜均采食。

3. 木蓼属 *Atraphaxis* L.

东北木蓼 *Atraphaxis manshurica* Kitag.

灌木，高100cm。叶互生，长椭圆形，全缘，向背面反卷，两面无毛，基部具关节；托叶鞘膜质。总状花序；苞片矩圆状卵形，膜质，每一苞腋中生2~4朵花；花被片5枚，淡红色，排列为2轮，外轮花被片较小，椭圆形，内轮花被片卵状椭圆形；雄蕊8枚；子房具3棱，花柱3个，柱头头状。小坚果卵状三棱形。花期5月，果期6~7月。

产宁夏贺兰山东麓及同心等县，生于石质山坡及荒漠半荒漠干草原。饲用价值中等，羊、骆驼采食。

4. 萹蓄属 *Polygonum* L.

（1）萹蓄 *Polygonum aviculare* L.

一年生草本，高40cm。叶具短柄，叶片长椭圆形，全缘；托叶鞘膜质，多裂。花常生叶腋，花被5裂，绿色，边缘白色或淡红色；雄蕊8枚；花柱3个，柱头头状。小坚果卵形，具3棱，黑色或褐色，表面具不明显的线纹状小点，稍露出于宿存的花被外。瘦果卵形，具三棱，黑褐色。花期6~8月，果期7~9月。

宁夏全区普遍分布，常生于田野、路旁、荒地及渠沟边湿地。饲用价值良等，茎叶柔软，适口性好，各类家畜全年均采食。

（2）圆叶萹蓄 *Polygonum intramongolicum* A. J. Li

小灌木，高20~30cm。叶革质，叶片近圆形、宽卵形或宽椭圆形，先端圆钝，具小尖头，基部近圆形，边缘具波状钝齿，沿脉及边缘有乳头状突起；具短柄，托叶鞘膜质，褐色。总状花序顶生，苞片膜质，褐色，基部卷折成漏斗状，每苞腋内具3朵花；花小，粉红色或白色，花被5深裂，裂片倒卵形；雄蕊8枚，短于花被；子房椭圆形，具3棱，花柱3个，柱头头状。小坚果3棱形，褐色。花期6~7月，果期7~8月。

产宁夏贺兰山，生于石质山坡、荒漠及半荒漠干草原。饲用价值低等，骆驼采食。

5. 拳参属 *Bistorta* (L.) Scop.

（1）拳参 *Bistorta officinalis* Delarbre

多年生草本，高90cm。根状茎肥厚，皮黑褐色；茎直立。基生叶及茎下部叶具长柄，叶片矩圆状披针形，边缘全缘；托叶鞘膜质，浅褐色，先端斜形；茎上部叶披针形，无柄，基部常抱茎。穗状花序圆柱状，顶生，苞片膜质，卵形，内含4朵花；花被白色或粉红色，5深裂，裂片椭圆形；雄蕊8枚，花柱3个。小坚果椭圆形，具3棱，褐色或黑褐色，常露出宿存花被外。瘦果卵圆形，两端尖。花期6~7月，果期8~9月。

产宁夏贺兰山，多生于海拔2500m以上的山地草甸。

（林秦文拍摄）

（2）圆穗蓼 *Bistorta macrophylla* (D.Don) Soják

多年生草本，高30cm。茎直立，不分枝。基生叶长圆形或披针形，顶端急尖，基部近心形，上面绿色，下面灰绿色，边缘叶脉增厚，外卷；茎生叶较小，狭披针形或线形，叶柄短或近无柄；托叶鞘筒状，膜质，下部绿色，上部褐色，顶端偏斜，开裂，无缘毛。总状花序呈短穗状，顶生；苞片膜质，卵形，顶端渐尖，每苞内具2~3朵花；花梗细弱，比苞片长；花被5深裂，淡红色或白色，花被片椭圆形；雄蕊8枚；花柱3个，柱头头状。瘦果卵形，具3棱，黄褐色。花期7~8月，果期9~10月。

产宁夏六盘山、贺兰山和南华山，生于高山草甸。饲用价值良等，牛、马、羊等各种家畜均喜食。

石竹科　Caryophyllaceae ｜ 117

（3）珠芽蓼 Bistorta vivipara (L.) Gray

多年生草本，高50cm。茎直立紫红色。基生叶及茎下部叶具长柄，叶片革质，矩圆状长椭圆形；上部茎生叶渐小，无柄；托叶鞘膜质。穗状花序顶生，苞片膜质，宽卵形；珠芽圆卵形，褐色，常生于花穗下部；花被白色或粉红色，5深裂；雄蕊8枚；花柱3个，柱头小，头状。小坚果卵形，具3棱，深褐色，有光泽。花期6月，果期6～7月。

产宁夏六盘山、贺兰山、南华山、月亮山和罗山，多生于阴湿的山地草甸。饲用价值良等，草质柔软，营养较好，茎叶青嫩期羊乐食，马、牛可食，骆驼不食。

二十八　石竹科　Caryophyllaceae

1. 裸果木属　Gymnocarpos Forssk.

裸果木 Gymnocarpos przewalskii Bunge ex Maxim.

半灌木，高1m。分枝多而曲折。叶线状扁圆柱形，先端锐尖，具小尖头；托叶膜质；几无叶柄。聚伞花序叶腋生；苞片膜质，白色透明，宽椭圆形；花托钟状漏斗形，具肉质花盘；萼片5枚，倒披针形，先端具小尖头，外面被短柔毛；无花瓣；雄蕊2轮，外轮5枚，无花药，内轮5枚，与萼片对生，具花药；子房上位，含1基生胚珠，花柱1个，丝状。瘦果包藏于宿存花萼中。花期5～6月，果期6～7月。

产宁夏中卫、贺兰山大窑沟和青铜峡，生于干旱石质山坡或荒漠地带。饲用价值低等，仅骆驼喜食嫩枝。

2. 卷耳属　Cerastium L.

原野卷耳 Cerastium arvense L.

多年生疏丛草本，高 10～35cm。茎基部匍匐，上部直立。叶长圆状披针形，具缘毛，抱茎。聚伞花序顶生；萼片 5 枚，长圆状披针形，紫色；苞片披针形，草质，被柔毛，边缘膜质；花瓣倒卵形，先端 2 裂，白色；雄蕊 10 枚；子房圆球形，花柱 5 个，线形。蒴果长圆柱形，先端 10 齿裂。种子肾形，略扁，具疣状突起。花期 7～8 月，果期 9 月。

产宁夏贺兰山及六盘山，生于山坡林缘、草地、沟谷。饲用价值良等，羊乐食。

3. 繁缕属　Stellaria L.

银柴胡 Stellaria dichotoma var. lanceolata Bge.

多年生草本，高 15～30cm。全株呈扁球状。茎丛生，圆柱形。叶线状披针形、披针形或长圆状披针形，先端渐尖，微抱茎，全缘，聚伞花序定生，具多数花，花梗细，萼片 5 枚，披针形，顶端渐尖，边缘膜质；花瓣 5 片，白色，倒披针形；雄蕊 10 枚；子房卵形或宽椭圆状倒卵形；花柱 3 个，线形。蒴果常含 1 粒种子。

产宁夏贺兰山及银川以北地区，多生于固定或半固定沙丘、干旱石质山坡及半荒漠草原。饲用价值中等，青嫩期山羊、绵羊采食。

石竹科　Caryophyllaceae

4. 蝇子草属　*Silene* L.

（1）女娄菜 *Silene aprica* Turcx. ex Fisch. et Mey.

一年生或二年生草本，高20～70cm。主根细长，具分枝。茎直立，多单生，密被短柔毛。叶线状披针形，全缘，两面密被短毛。聚伞花序；苞片披针形，被短柔毛，边缘具白色长柔毛；花萼筒形，具10条脉纹，被短柔毛，先端5齿裂，裂齿披针形，具缘毛；花瓣倒披针形，顶端2浅裂，基部渐狭成爪，喉部具2鳞片；雄蕊10枚；子房卵状长椭圆形，柱头3个。蒴果卵状椭圆形，先端6齿裂。种子圆肾形，表面具疣状突起。花期6～7月，果期7～8月。

产宁夏贺兰山、罗山、六盘山及盐池、隆德等县，多生于山坡草地、田边等处。

（2）喜马拉雅蝇子草 *Silene himalayensis* (Rohrb.) Majumdar

多年生草本，高20～80cm。根粗壮。茎纤细，直立，被短柔毛。基生叶叶片狭倒披针形，边缘具缘毛；茎生叶3～6对，叶片披针形。总状花序，具3～7朵花；花梗密被短柔毛；苞片线状披针形，草质，被毛；花萼卵状钟形，紧贴果实，密被短柔毛和腺毛，纵脉紫色，多少分叉，脉端连合，萼齿三角形，具缘毛；花瓣暗红色，爪楔形，无毛，瓣片浅2裂，副花冠片小；雄蕊内藏，花柱内藏。蒴果卵形，短于宿存萼，10齿裂；种子圆形，压扁，褐色。花期6～7月，果期7～8月。

产宁夏六盘山和南华山，生于海拔2000～2400m的灌丛间或高山草甸。

（3）山蚂蚱草 *Silene jenisseensis* **Willd.**

多年生草本，高20～50cm。直根粗长，黄褐色。茎直立，不分枝，密被倒生短毛。基生叶倒披针形，茎生叶线状披针形，全缘，两面无毛。聚伞花序总状，花轮生；苞片卵状披针形，边缘膜质，具缘毛；花萼钟形，无毛，具10条脉，萼齿三角形；花瓣白色，先端2深裂，基部渐狭成爪，喉部具2鳞片；雄蕊10枚，与花瓣等长或稍长；子房长卵形，无毛，花柱3个，线形，子房柄被毛。蒴果宽卵形，顶端6齿裂。种子肾形，被条状细微突起。花期7～8月，果期8～9月。

产宁夏贺兰山、须弥山、六盘山及隆德等县，生于山坡草地。

（4）蔓茎蝇子草 *Silene repens* **Patr.**

多年生草本，高15～50cm。茎丛生，被柔毛。叶线形，全缘，两面被短柔毛。聚伞状圆锥花序顶生；花萼筒形，具10条脉，萼齿宽卵形，先端钝，边缘宽膜质；花瓣先端2裂，基部具长爪，喉部具2鳞片，白色、淡黄白色或淡绿白色；雄蕊10枚；子房卵圆形，花柱3个。蒴果卵状长圆形。种子圆肾形，黑褐色，表面具线状隆起。

产宁夏贺兰山、罗山、六盘山、南华山，多生于山坡草地、沟谷林缘、田边路旁。

5. 石头花属 Gypsophila L.

头状石头花 Gypsophila davurica var. angustifolia Fenzl

多年生草木，高达25cm。根粗壮，圆柱形，黄褐色。茎多数丛生。叶对生，线形，先端锐尖，基部合生成鞘状抱茎，全缘。聚伞花序，具多数花；苞片卵状披针形，基部合生抱茎，膜质；花萼钟形，具5条紫色隆起的脉，脉间膜质，顶端5齿裂，裂齿卵形；花瓣5片，矩圆状倒披针形，粉红色，基部渐狭；雄蕊10枚，较花瓣稍长；子房近球形，花柱2个，线形，与花瓣近等长。蒴果卵形，顶端4齿裂。种子肾形，褐色，表面具乳突状突起。花期7月，果期8月。

产宁夏贺兰山、罗山、南华山及银川、贺兰、平罗、同心、盐池、海原、西吉等市（县）。饲用价值良等，羊采食。

6. 石竹属 Dianthus L.

（1）石竹 Dianthus chinensis L.

多年生草本，高30~50cm。茎丛生。叶线形，基部渐狭成短鞘且合生抱茎，全缘。花单生茎顶或2~3朵集成疏散的聚伞花序；花萼圆筒形，顶端5齿裂；花瓣绛紫色，倒狭三角形，先端具不规则的齿裂，基部具长爪，喉部具斑纹及疏须毛；雄蕊10枚；子房矩圆形，花柱2个。蒴果矩圆状圆筒形，先端4齿裂。种子卵形，略扁，边缘具狭翅。花期6~8月，果期7~9月。

产宁夏六盘山、罗山、南华山、月亮山和固原市，生于向阳山坡草地或灌丛中。饲用价值低等，青嫩期羊、牛取食，干枯期羊采食。

（2）瞿麦 *Dianthus superbus* L.

多年生草本，高 50~60cm。茎丛生。叶线形，基部呈短鞘状抱茎，全缘。花萼长圆筒形，顶端 5 裂，裂齿矩圆状披针形；花瓣淡紫红色，先端细裂为流苏状，基部具细长爪，喉部具须毛；雄蕊 10 枚；花柱 2 个，线形。蒴果狭圆筒形，先端 4 齿裂。种子扁卵形，边缘具翅。花期 7~8 月，果期 8~9 月。

产宁夏六盘山、罗山、南华山及贺兰山，生于山坡草地、林缘、路边、山谷沟边。饲用价值低等，青嫩期羊、牛取食，干枯期羊采食。

二十九　苋科　Amaranthaceae

1. 沙蓬属　*Agriophyllum* Bieb.

沙蓬 *Agriophyllum squarrosum* (L.) Moq.

一年生草本，高14～60cm。茎直立，坚硬，淡绿色，全株密被分枝毛。叶无柄，披针形。花序穗状，花两性，腋生；苞片卵形；花被片膜质；雄蕊3枚。子房扁圆形，被毛，柱头2个。胞果圆形，除基部外周围有翅，顶部具短喙，果喙深裂为2个扁平线状小喙，微向外弯，小喙先端外侧各具1个小齿突。种子近圆形，光滑，扁平。花果期8～10月。

宁夏同心以北地区普遍分布，多生于沙地。饲用价值中等，羊在幼嫩期采食，牛和马采食较差；干枯后骆驼、羊仍采食。

2. 虫实属　*Corispermum* L.

（1）兴安虫实 *Corispermum chinganicum* Iljin

一年生草本。茎直立，高10～50cm，圆柱形，由基部分枝。叶线形，先端渐尖具小尖头，基部渐狭，1条脉。穗状花序圆柱形，顶生和侧生；苞片披针形至卵形或宽卵形，先端尖，1～3条脉，边缘宽膜质；花被片3片；雄蕊5枚，稍超出花被。果实矩圆状倒卵形，顶端圆，基部心形，背面凸起中央稍扁平，腹面扁平，无毛；果核椭圆形，光亮，常具褐色斑点或无，无翅或具狭翅，全缘，不透明，果喙粗短，喙尖为喙长的1/3～1/4。花果期6～8月。

产宁夏银川以北地区及中卫市及同心等县，多生于沙地及固定沙丘。饲用价值中等，骆驼四季采食，秋冬仅羊采食。

（2）烛台虫实 Corispermum candelabrum Iljin

一年生草本，茎直立，高60cm，粗壮，圆柱形，多由基部分枝，分枝斜升。叶线形至宽线形，先端具小尖头，基部渐狭，1条脉。穗状花序棍棒状，苞片自下而上，由线状披针形至卵形或宽卵形，先端尖，1~3条脉，具较宽的膜质边缘，被星状毛；花被片3片；雄蕊5枚，较花被长。果实矩圆状倒卵形，背面凸起中央平，具瘤状突起，腹面凹入，被星状毛，翅狭窄，不透明，宽为果核的1/8~1/10，边缘具不规则的细钝齿；果喙短粗，喙尖为喙长的1/3~1/2。花果期7~9月。

产宁夏同心县，生于砂质地及固定沙丘。饲用价值中等，青鲜时骆驼采食，秋后骆驼喜食，羊乐食。

（林秦文拍摄）

（3）绳虫实 Corispermum declinatum Stephan ex Iljin

一年生草本，茎直立，高50cm，圆柱形，多分枝，下部分枝较长，斜上升，具条棱。叶线形，先端具小尖头，基部楔形，具1条脉。穗状花序细长，花疏；苞片较狭，线状披针形至狭卵形，渐尖，基部圆楔形，具1条脉，具白色膜质边；花被片1片，稀3片，近轴花被片宽椭圆形；雄蕊1枚；子房卵形，柱头2个。胞果倒卵状矩圆形，无毛，顶端尖，基部圆楔形，背面隆起，中部扁平，腹面稍凹或扁平，果翅狭或几无，全缘或具不规则的细齿。花果期6~9月。

产宁夏中卫、同心、青铜峡及平罗等市（县），生于沙地、河滩地或田埂路旁。饲用价值中等，骆驼四季采食，青鲜时马稍采食，牛不食；秋冬仅羊采食。

(4) 蒙古虫实 *Corispermum mongolicum* Iljin

一年生草本，植株茎直立，高 10～35cm，圆柱形，被星状毛，基部多分枝。叶线形，先端急尖具小尖头，基部渐狭，疏被星状毛，1 条脉。穗状花序，苞片线状披针形，具宽的膜质边缘，被星状毛，1 条脉；花被片 1 片，矩圆形，顶端具不规则的细齿；雄蕊 1～5 枚。果实宽椭圆形，背面隆起，具瘤状突起，腹面凹入，无毛；果喙短，喙尖为喙长的 1/2；翅极窄，几近无翅，全缘。花果期 7～9 月。

产宁夏银川以北地区及同心、青铜峡等市（县），多生于沙质荒地、沙丘或戈壁。饲用价值中等，仅羊少量采食，牛、马不食。

(5) 碟果虫实 *Corispermum patelliforme* Iljin

一年生草本，茎直立，高 45cm，圆柱状，多分枝。叶较大，长椭圆形，先端钝圆具小尖头，基部渐狭，具 3 条脉。穗状花序圆柱状，紧密；上部的苞片卵形，少数下部苞片宽披针形，先端急尖，基部近圆形，边缘膜质，具 3 条脉；花被片 3 片，近轴 1 个宽卵形，远轴 2 个较小，三角形；雄蕊 5 枚；花丝钻形，与花被片等长。果实近圆形，背面平，腹面凹入，光亮，无毛，果翅向腹面反卷呈碟状。花果期 8～9 月。

产宁夏中卫市，生于沙丘上。饲用价值良等，青鲜时骆驼乐食，羊少食。

（6）软毛虫实 *Corispermum puberulum* Iljin

一年生草本，茎直立，高35cm，粗壮，圆柱形，基部多分枝，具条棱，疏被星状毛。叶线形或披针形，先端具小尖头，基部渐狭，1条脉。穗状花序粗壮，紧密，圆柱形；苞片自下而上由披针形至宽卵形，具1~3条脉，具宽的膜质边缘，疏被星状毛；花被片1~3片；雄蕊1~5枚，较花被片长。果实宽椭圆形，顶端圆形，基部近心形，背部微凸起，中央扁平，被星状毛，果翅宽，边缘具不规则细齿，果喙直立。花果期7~9月。

产宁夏盐池县，多生于沙地。饲用价值良等，骆驼四季采食，绵羊、山羊秋季乐食。

3. 驼绒藜属 *Krascheninnikovia* Gueldenst.

驼绒藜 *Krascheninnikovia ceratoides* (L.) Gueldenst.

灌木，高100cm，枝密生星状毛。叶较小，条形，全缘，边缘反卷，主脉1条，两面密被星状毛。雄花序短而紧密，雌花管椭圆形，花管裂片角状，长达花管的1/3，外被4束长毛。胞果直立，被毛，花柱短，柱头2个。花期5月，果期6~7月。

产宁夏贺兰山及盐池、同心和中卫等市县，生于干旱山坡、荒漠及半荒漠。

苋科 Amaranthaceae

4. 藜属 *Chenopodium* L.

（1）尖头叶藜 *Chenopodium acuminatum* Willd.

一年生草本，高20～80cm。茎直立具纵条棱及绿色色条，多分枝，被粉。叶片宽卵形，基部宽楔形，全缘。花两性，花序轴被透明粗毛；花被片5片，卵状长圆形，边缘膜质，被粉粒，果时包被果实，背部增厚呈五角星状；雄蕊5枚。胞果扁球形。种子横生，黑色，有光泽。花果期6～9月。

产宁夏贺兰山、盐池及灵武市，生于山坡路边、林缘草地、田边、河岸。饲用价值中等，青鲜期牛、羊、骆驼喜食；干枯后马、牛、羊最喜食。

（2）藜 *Chenopodium album* L.

一年生草本，高30～150cm。茎粗壮，具纵条棱及紫红色色条。叶片卵形，边缘具不规则的波状齿或上部叶全缘，上面无粉，背面灰白色或带紫红色，被粉。花两性，数朵簇生，排列成顶生和腋生的穗状花序；花被片5片，宽卵形，被粉；雄蕊5枚，伸出花被外；柱头2个。胞果包于花被内。种子上下扁，圆形，黑色，表面具浅沟纹。花果期6～8月。

宁夏全区普遍分布，为常见田间杂草，多生于农田、荒地、路边。饲用价值中等，青嫩期牛羊乐食，骆驼喜食。

（3）小白藜 *Chenopodium iljinii* Golosk.

一年生草本，高10～30cm，全株被粉。叶片三角状卵形，基部宽楔形，3浅裂，侧裂片在基部，或全缘，上面疏被白粉或无粉，背面密被白粉。花簇生于枝顶及叶腋的小枝上集成短穗状花序；花被片5片，宽卵形，背面密被粉；雄蕊5枚，花丝超出花被外；子房扁球形，柱头2个。胞果上下扁，包于花被内。种子双凸镜形，有时为扁卵形，黑色，有光泽；胚环形。花果期7～8月。

宁夏全区普遍分布，生于河谷阶地、山坡及较干旱的草地。饲用价值中等，羊、骆驼采食。

5. 雾冰藜属　*Grubovia* Freitag & G.Kadereit

（1）雾冰藜 *Grubovia dasyphylla* (Fisch. & C. A. Mey.) Freitag & G.Kadereit

一年生草本，高50cm，全株密被长软毛。茎直立，多分枝，开展。叶互生，肉质，线状半圆柱形，先端钝，基部渐狭，密被长柔毛。花单生或2朵簇生叶腋，通常仅1朵发育；花被球状壶形，密被长柔毛，5浅裂，果时花被片背部生5个锥状刺，形成一平展的五角星状；雄蕊5个，花丝线形，伸出花被外；子房卵形，花柱短，柱头2个，稀3个。果实卵形。种子横生，近圆形，光滑。花果期7～9月。

产宁夏同心以北地区普遍分布，多生于砂石质地、半固定沙丘及山前洪积扇上。饲用价值低等，夏末秋初马采食，羊仅在秋季乐食，骆驼也秋冬季乐食。

（2）黑翅雾冰藜（黑翅地肤）*Grubovia melanoptera* (Bunge) Freitag & G.Kadereit

一年生草本，高40cm。茎直立，多分枝，具棱及色条，被柔毛。叶半圆柱形或圆柱形，急尖或钝头，基部渐狭，几无柄。花两性，常1～3朵集生于枝条上部叶腋；花被片5个，基部合生，被短柔毛；果时3个花被片背部横生翅，翅具黑色脉纹，另2个花被片背部形成角状突起；雄蕊5枚，花药矩圆形，花丝外伸；柱头2个。胞果扁球形，包于宿存的花被内。花果期7～10月。

产宁夏贺兰山、石嘴山、中卫、银川、盐池、同心、灵武等市（县），生于山坡、荒地、沙地。饲用价值良等，各种家畜均乐食。

6. 沙冰藜属 *Bassia* All.

木地肤 *Bassia prostrata* (L.) Beck

半灌木，高80cm。茎短，呈丛生状，枝被白色柔毛。叶于短枝上簇生，狭线形。花两性和雌性，花无梗，不具苞；花被片5片，密生柔毛，果时革质且在背面横生翅，翅干膜质，菱形，边缘具不规则的纯齿，具多数暗褐色扇状脉纹；雄蕊5枚，花丝线形；花柱短，柱头2个，具羽毛状突起。胞果扁球形，果皮近膜质，紫褐色。种子近圆形，黑褐色。花果期6～9月。

产宁夏须弥山、中卫、青铜峡、同心等市（县），生于山坡、山沟、砾石砂地。饲用价值优良，羊、骆驼、马均喜食。

7. 合头草属 *Sympegma* Bge.

合头草（黑柴）*Sympegma regelii* Bge.

矮小灌木，高150cm。茎直立。叶互生，圆柱形，肉质。花两性，花被片直立，草质，花簇下具1对苞状叶，基部合生；花被片5片，草质，具膜质边缘，果时变硬且自背面近顶端横生翅，大小不等，黄褐色，具纵脉纹；雄蕊5枚；柱头2个。胞果侧扁圆球形，果皮淡黄色。花果期6~8月。

产宁夏贺兰山及中卫、青铜峡、盐池、中宁等市（县），多生于干旱山坡、石质荒漠等处。饲用价值良等，骆驼四季采食。

8. 珍珠柴属 *Caroxylon* Thunb.

珍珠柴（珍珠猪毛菜）*Caroxylon passerinum* (Bunge) Akhani & Roalson

半灌木，高15~30cm。植株密生丁字毛；根粗壮，木质；老枝灰黄色。叶片锥形，先端渐尖，基部扩展，背面隆起，密被丁字毛。花序穗状，顶生；苞片卵形，肉质，被丁字毛，小苞片宽卵形，长于花被；花被片5片，长卵形，果时背面中部横生翅，翅黄褐色；雄蕊5个，柱头锥形。胞果扁球形。种子横生或直立。花果期6~10月。

产宁夏银北地区及中卫、同心、灵武、盐池等市（县），多生于干旱山坡及石质滩地。饲用价值良等，各种家畜四季均乐食。

9. 猪毛菜属 *Kali* Mill.

（1）猪毛菜 *Kali collinum* (Pall.) Akhani & Roalson

一年生草本，高100cm。叶互生，线状圆柱形。花两性，在各枝顶端成穗状花序；苞片较叶短，卵状长圆形，具刺尖，边缘干膜质，小苞片2个，狭披针形，具刺尖；花被片5片，锥形，直立，背面上部生有不等形短翅，翅以上的花被片膜质，集中在中央；雄蕊5枚，柱头2裂，线形。胞果宽倒卵形，顶端截形。花期7~9月，果期8~10月。

宁夏全区普遍分布，多生于田边、路旁及盐碱荒地。饲用价值中等，幼嫩期羊、牛、驴、骆驼采食。

（2）刺沙蓬（细叶猪毛菜）*Kali tragus* Scop.

一年生草本，高100cm。茎直立，多自基部分枝，被短糙硬毛。叶互生，圆柱形，肉质，先端具白色硬刺尖。花序穗状，顶生；苞片长卵形，先端具刺尖，基部边缘膜质，小苞片卵形，先端具刺尖；花被片5片，长卵形，膜质，果时背面中部生翅；雄蕊5枚，花药矩圆形，顶端无附属物；柱头2裂，丝状，长为花柱的3~4倍。胞果倒卵形，果皮膜质。种子横生，胚螺旋形。花期7~9月，果期9~10月。

产宁夏银北地区及中卫、青铜峡、灵武、盐池、同心等市（县），多生于干旱山坡、石质荒漠及砂质地。饲用价值中等，羊在幼嫩期采食，骆驼和驴喜食，马、牛不喜食；枯草季节羊、骆驼采食。

10. 碱猪毛菜属 *Salsola* L.

松叶猪毛菜 *Salsola laricifolia* **Turcz. ex Litv.**

小灌木，高90cm。多分枝；老枝黑褐色，有浅裂纹，嫩枝乳白色，有光泽。叶互生，老枝上叶簇生于短枝顶端，线形，肥厚，黄绿色。穗状花序，花单生于苞腋，苞片叶状，线形，小苞片宽卵形；花被片5片，长卵形，果时自背面中下部生横翅，翅黄褐色；雄蕊5枚，花药矩圆形，顶端具附属物；柱头扁平、钻形。种子横生。花果期5~9月。

产宁夏盐池和中卫等市（县），生于干旱山坡及石质荒漠。饲用价值低等，骆驼、山羊、绵羊乐食嫩枝叶，马、牛不采食，骆驼四季乐食。

11. 盐生草属 *Halogeton* C. A. Mey.

蛛丝蓬（白茎盐生草） *Halogeton arachnoideus* **Moq.**

一年生草本，高10~40cm。叶肉质，圆柱形，叶腋簇生柔毛。花杂性，小苞片2个，宽卵形，肉质；花被片5片，宽披针形，果时背面近顶部横生膜质翅，半圆形，大小近相等；雄花无花被，雄蕊5枚，花丝线形，花药矩圆形；子房卵形，花柱短，柱头2个。胞果近圆形，背腹扁。种子圆形；胚螺旋形。花果期7~8月。

产宁夏贺兰山及引黄灌区，多生于山坡、砂石质地及河滩地。饲用价值低等，青鲜期骆驼乐食，山羊、绵羊少量采食。

12. 假木贼属 *Anabasis* L.

短叶假木贼 *Anabasis brevifolia* C. A. Mey.

半灌木，高 20cm。茎由基部主干上分出多数枝条，灰褐色；当年生枝淡绿色，具 4～8 节间，下部节间圆柱形，上部节间具棱。叶线形，半圆柱状，先端具短刺尖，基部合生成鞘状；近基部的叶较短，宽三角形，贴伏枝上。花两性，1～3 朵生叶腋；小苞片 2 个，卵形；花被 5 片，卵形，先端钝，果时背面具横生翅，翅膜质，淡黄色，外轮 3 个花被片的翅肾形，内轮 2 个花被片的翅较狭小，圆形。胞果卵形，黄褐色。花期 7～8 月，果期 9 月。

产宁夏贺兰山、中卫及青铜峡等市，生于石质山坡或石质滩地。饲用价值低等，适口性良好，骆驼四季均乐食；马、牛乐食，羊也采食。

三十 报春花科 Primulaceae

点地梅属 *Androsace* L.

（1）直立点地梅 *Androsace erecta* Maxim.

多年生草本，高 10～35cm。茎直立，单一或基部分枝。基生叶椭圆形，先端急尖，基部下延，全缘；茎生叶互生，较紧密，椭圆形或卵状椭圆形，长先端急尖，具小尖头，基部楔形，全缘，具狭窄的骨质边缘。伞形花序顶生和上部叶腋生，组成聚伞状圆锥花序；花萼钟形，5 裂，裂片三角形，与萼筒近等长，先端尖；花冠淡红色，喉部紧缩，5 裂，裂片倒卵状矩圆形；雄蕊 5 枚；子房上位，宽三角状倒卵形，花柱短，柱头头状。蒴果卵状椭圆形。花果期 6～7 月。

产宁夏罗山、固原市和隆德县，生于林缘、草地、田边或路旁。饲用价值低等，羊采食，牛偶尔采食，霜后羊乐食。

（2）大苞点地梅 *Androsace maxima* L.

一年生小草本。叶基生，倒披针形、矩圆状披针形，先端急尖，基部渐狭下延成柄，边缘具齿。花葶3至多数；伞形花序具2～10朵花；花萼漏斗状，裂片三角状披针形或矩圆状披针形，裂至中部以下，先端锐尖；花冠白色或淡粉红色，花冠筒稍短于花萼，花冠裂片矩圆形，先端圆钝；子房球形，柱头头状。蒴果球形。花期5月，果期6月。

产宁夏贺兰山、罗山和同心县，生于山坡草地或路边。

（3）西藏点地梅 *Androsace mariae* Kanitz

多年生草本，高4～20cm。叶片倒卵状披针形、匙形或倒披针形，先端急尖或渐尖，具软骨质小尖头，基部渐狭下延成翅状柄，全缘。花葶1～2个，直立。伞形花序具花2～10朵；花萼钟形，萼裂片卵形或三角状卵形，先端尖；花冠淡紫红色或白色，花冠筒倒卵状圆柱形，黄色，与花萼等长，喉部具一圈黄色凸起的附属物，花冠裂片三角状宽倒卵形，先端圆或微凹；雄蕊5枚；子房宽倒卵形。蒴果倒卵形。

产宁夏贺兰山、香山、罗山、南华山及六盘山，生于山坡草地、林缘或沟谷边。饲用价值低等，羊采食，牛偶尔采食，霜后羊乐食。

三十一　茜草科　Rubiaceae

拉拉藤属　*Galium* L.

（1）北方拉拉藤 *Galium boreale* L.

多年生草本，高 65cm。茎直立，多分枝，四棱形。叶 4 片轮生，披针形，先端钝，基部宽楔形，全缘，边缘稍反卷，具短硬毛，基脉 3 出，无叶柄，聚伞花序组成顶生圆锥花序；花梗萼筒被疏或密的白色硬毛；花冠白色，4 深裂，裂片宽椭圆形；雄蕊 4 枚，伸出；花柱 2 裂达近基部，柱头头状。果爿近球形，双生或单生，密被钩状毛。花期 6～8 月，果期 8～9 月。

产宁夏贺兰山、罗山、六盘山、月亮山及固原市，生于山坡草地或灌丛。饲用价值中等，羊乐食，牛、马也采食。

（2）蓬子菜 *Galium verum* L.

多年生草本，高 45cm。茎直立，四棱形，被短柔毛。叶 6～10 片轮生，纸质，线形，先端尖，基部渐狭，边缘反卷，具短硬毛，具 1 条脉，上面凹陷，背面明显隆起，无叶柄。聚伞花序顶生或腋生；萼筒小，无毛；花冠黄色，4 深裂，裂片卵形，先端钝；雄蕊 4 枚，花柱 2 深裂达中部以下，柱头头状。果爿双生，近球形，无毛。花期 7 月，果期 8～9 月。

产宁夏贺兰山、六盘山、罗山、香山、南华山及盐池、固原、隆德等市（县），生于山坡、河谷草地、田边。饲用价值低等，青鲜时骆驼喜食，牛、马乐食。

三十二 龙胆科 Gentianaceae

1. 龙胆属 *Gentiana* L.

（1）达乌里秦艽 *Gentiana dahurica* Fisch.

多年生草本，高10～25cm。茎基部被残叶纤维所包围。基生叶披针形，全缘，具3～5条脉；茎生叶较小，线状披针形，基部合生，抱茎。聚伞花序顶生或叶腋生，1～3朵花；花萼钟形，顶端5裂，裂片线形；花冠筒状钟形，蓝色，5裂，裂片卵形，褶三角形，边缘具齿状缺刻；雄蕊5枚，着生于花冠筒中部；子房上位，花柱短，柱头2裂。蒴果倒卵状长椭圆形，无柄。花期7月，果期8～9月。

产宁夏六盘山、南华山、香山、罗山、贺兰山以及盐池、彭阳、隆德、固原市原州区、西吉等市（县），生于山坡草地。饲用价值中等，各种家畜四季均采食。

（2）秦艽 *Gentiana macrophylla* Pall.

多年生草本，高30～60cm。茎基部被残叶纤维所包围。基生叶较大，披针形，先端钝尖，全缘，有5～7条脉；茎生叶较小，披针形，下部者为狭卵形，基部合生，抱茎。聚伞花序簇生于茎顶或上部叶腋，呈头状或轮状，无梗；花萼膜质，一侧开裂；花冠筒状钟形，蓝紫色，裂片5，直立，卵形，先端急尖，褶三角形；雄蕊5枚，生于花冠筒中部；子房无柄，花柱短，柱头2裂。蒴果长椭圆形。花期7～8月，果期8～9月。

产宁夏六盘山、贺兰山及南华山，多生于山坡草地及林缘。饲用价值低等，青嫩期绵羊喜食，牛乐食，马不多食。花后适口性差，家畜仅采食叶片。

(3) 鳞叶龙胆 *Gentiana squarrosa* Ledeb.

一年生矮小草本，高 2～8cm。茎细弱，多分枝。基生叶卵圆形，先端具芒尖，反卷，边缘软骨质；茎生叶较小，倒卵形，基部合生，抱茎。花单生茎顶；花萼钟形，5 裂，裂片卵形，先端具芒尖，反折，边缘软骨质，背面具棱；花冠钟形，蓝色，5 裂，裂片卵形，褶三角形；雄蕊 5 枚，着生于花冠筒中部。蒴果倒卵形，2 瓣开裂，果梗长，花萼宿存。花期 5～7 月，果期 7～9 月。

产宁夏六盘山、贺兰山、南华山和罗山，生于山坡草地。饲用价值劣等，降霜后仅羊少量采食。

(4) 麻花艽 *Gentiana straminea* Maxim.

多年生草本，高 35cm。茎斜升，基部为残叶纤维所包围，圆柱形，无毛。基生叶披针形，全缘，具 5 条脉；茎生叶小，披针形，基部合生，抱茎。聚伞花序顶生和腋生；花萼膜质，一侧开裂；花冠筒状钟形，淡黄色，裂片 5，三角状卵形，先端急尖，褶宽三角形，先端具短齿；雄蕊 5 枚，着生于花冠筒中部以下。花期 7 月。未见果实。

产宁夏南华山，生于海拔 2500m 左右的山坡草地。饲用价值低等，青嫩期家畜不采食，干枯后仅羊采食。

2. 獐牙菜属　*Swertia* L.

（1）獐牙菜 *Swertia bimaculata* (Sieb. & Zucc.) Hook.f. & Thomson ex C.B.Clarke

一年生草本，高30～140cm。茎直立，圆形，中空，中部以上分枝。基生叶花期枯萎；茎生叶椭圆形或卵状披针形，先端长渐尖，基部楔形。圆锥状复聚伞花序疏散；花5数；花萼绿色，裂片窄倒披针形或窄椭圆形，先端渐尖或尖，基部窄缩，边缘白色膜质，常外卷；花冠黄色，上部具紫色小斑点，裂片椭圆形或长圆形，先端渐尖，基部窄缩，中部具2黄绿色、半圆形大腺斑；花丝线形，花柱短。蒴果窄卵圆形。种子被瘤状突起。花果期6～11月。

产宁夏六盘山，生于山坡草地、林下、沟谷。饲用价值中等，牛、马、羊均采食。

（2）歧伞獐牙菜 *Swertia dichotoma* L.

一年生草本，高5～12cm。茎斜升，细弱，四棱形，棱上具狭翅，中上部二歧分枝。基部叶匙形；茎生叶对生，卵形。聚伞花序或单生，顶生或腋生；花梗细弱；花萼4深裂，裂片卵形，边缘具短缘毛；花冠白色或淡绿色，4深裂，花冠筒极短，裂片卵形，先端圆钝，基部具2腺洼，外缘具鳞片；雄蕊4枚，着生于花冠基部；子房具短柄，花柱短，柱头2裂。蒴果近球形；种子小，椭圆形，光滑。

产宁夏贺兰山、罗山及六盘山，生于石质河滩地或路边。有毒植物。中毒后症状为消瘦、乏弱，故称其为"乏羊草"。

（3）北方獐牙菜（淡味獐牙菜）*Swertia diluta* (Turcz.) Benth. & Hook. f.

一年生草本，高 20～70cm。茎直立，多分枝，四棱形。叶无柄，对生，披针形，全缘，反卷，具 1 条脉，无柄。聚伞花序；花梗细；花萼 5 深裂，裂片线状披针形，边缘稍反卷，具 1 条脉；花冠淡紫色，5 深裂近达基部，裂片狭卵形，先端尖，基部具 2 椭圆形腺洼，边缘具流苏状毛；雄蕊 5 枚，着生于花冠基部；子房无柄，圆柱形，与雄蕊等长，无花柱，柱头 2 瓣裂。蒴果卵圆形；种子近球形，平滑。花期 8 月，果期 9 月。

产宁夏罗山及固原市、海原和西吉等县，生于山坡草地。有毒植物，无饲用价值。

3. 肋柱花属　*Lomatogonium* A. Br.

辐状肋柱花 *Lomatogonium rotatum* (L.) Fries ex Nyman

一年生草本，高 15～40cm。茎直立，近四棱形。叶无柄，狭披针形，先端急尖，基部钝，半抱茎。花 5 数，花梗四棱形；花萼裂片线形；花冠淡蓝色，具深色脉纹，裂片椭圆状披针形，基部两侧各具 1 腺窝，腺窝管形，边缘具不整齐的裂片状流苏；花丝线形；子房无柄，柱头小，三角形，下延至子房下部。蒴果狭椭圆形。花果期 7～9 月。

产宁夏固原市原州区，生于海拔 1800m 左右的山坡草地。

4. 喉毛花属 *Comastoma* (Wettst.) Yoyokuni

（1）皱边喉毛花 *Comastoma polycladum* (Diels et Gilg) T. N. Ho

一年生草本，高8～20cm。茎纤细，多分支，四棱形，无毛，常带紫色，多分枝。基生叶长椭圆形，先端圆钝，基部渐狭成短柄，全缘，具1条脉；茎生叶小，披针形，先端尖，基部渐狭，无柄。花单生茎顶；花萼钟形，5深裂，裂片披针形，不等长，先端尖；花冠管状钟形，蓝色，花冠裂片5，椭圆形，先端钝尖，基部具2流苏状鳞片，雄蕊5枚；子房圆柱形，无花柱，柱头卵形。花期7～8月。

产宁夏罗山和贺兰山，生于山坡草地。

（2）喉毛花 *Comastoma pulmonarium* (Turcz.) Toyokuni

一年生草本，高5～30cm。茎近四棱形；茎生卵状披针形，半抱茎。聚伞花序或单花顶生；花5数；花萼开张，长为花冠的1/4，深裂近基部；花冠淡蓝色，具深蓝色纵脉纹，筒形，浅裂，裂片直立，椭圆状三角形，喉部具一圈白色副冠，副冠5束，上部流苏状条裂，冠筒基部具10个小腺体；雄蕊着生于冠筒中上部；子房无柄，狭矩圆形，柱头2裂。蒴果无柄，椭圆状披针形；种子淡褐色，近圆球形，光亮。花果期7～11月。

产宁夏六盘山，生于河滩、山坡草地、林下灌丛及高山草甸。

5. 花锚属 *Halenia* Borkh.

卵萼花锚（椭圆叶花锚）*Halenia elliptica* D. Don.

一年生草本，高60cm。茎直立，四棱形，沿棱具狭翅，分枝，无毛。叶对生，卵状长椭圆形，全缘，两面无毛，具5～9条脉。聚伞花序；花梗纤细；花萼4深裂，裂片狭卵形；花冠蓝紫色，4裂，裂片宽椭圆形，基部具1向外延伸的距；雄蕊4枚，着生于花冠筒上，花丝线形；子房无柄，卵形，无花柱，柱头2裂，裂片直立。蒴果卵形；种子小，多数，卵圆形，近平滑。

产宁夏六盘山、南华山及罗山，生于潮湿的山坡草地或山谷水沟边。饲用价值中等，牛、马、羊均采食。

三十三　夹竹桃科　Apocynaceae

1. 杠柳属　*Periploca* L.

杠柳　*Periploca sepium* Bge.

蔓性灌木，高150cm，具乳汁。小枝对生，灰褐色。叶卵状披针形，全缘。聚伞花序叶腋生；花萼裂片卵圆形，里面基部具10个小腺体；花冠紫红色，花冠筒短，裂片长圆状披针形，中央加厚部分呈纺锤状，反折，里面被长柔毛；副花冠环状，10裂，其中5裂延伸成丝状，被短柔毛，顶端向内弯；雄蕊5枚，着生在副花冠里面，背面被长柔毛；子房上位，心皮离生。蓇葖果2个，圆柱形；种子多数，圆柱形，黑褐色，顶端具一簇白色种毛。花期5～6月，果期7～8月。

产宁夏银川、平罗、盐池、中卫、灵武等市（县）。生于沙质地或河边。饲用价值低等，茎叶含乳汁，味苦，山羊、绵羊很少采食，牛、马不食；霜后羊采食叶片，牛、马仍不食。

2. 鹅绒藤属 *Cynanchum* L.

（1）鹅绒藤 *Cynanchum chinense* R. Br.

多年生缠绕草本，长达400cm。茎多分枝，灰绿色，被短柔毛。叶对生，宽三角状心形。聚伞花序叶腋生；花萼5深裂，裂片披针形，背面被短柔毛；花冠白色，5深裂；副花冠杯状，顶端裂成10个丝状体，外轮5个与花冠裂片等长，内轮5个稍短；柱头近五角形，顶端2裂。蓇葖果1个发育，圆柱形，平滑无毛；种子矩圆形，压扁，顶端具一簇白色种毛。花期6～8月，果期8～9月。

宁夏全区普遍分布，多生于沙滩地、荒地及田边等。饲用价值低等，家畜基本不食。

（2）地梢瓜 *Cynanchum thesioides* (Freyn) K. Schum.

多年生草本。具横生的地下茎；地上茎铺散或斜升，密被白色短硬毛。叶对生，线形，全缘，向背面反卷，两面被短硬毛；近无柄。伞状聚伞花序腋生，花梗均密被短硬毛；花萼5深裂，裂片披针形，背面被白色短硬毛；花冠白色，5深裂，裂片椭圆状披针形，外面疏被短硬毛；副花冠杯状，5深裂，裂片狭三角形，先端尖；柱头扁平。蓇葖果单生，狭卵状纺锤形，被短硬毛；种子卵形，扁平，顶端具白色种毛。花期6～8月，果期7～9月。

产宁夏同心县以北地区，生于沙地、荒地及田埂。饲用价值中等，春、夏季羊、骆驼采食，霜后也采食。

3. 白前属 *Vincetoxicum* Wolf

华北白前 *Vincetoxicum mongolicum* Maxim.

多年生直立草本，长 50cm。茎丛生，具纵条棱，无毛。叶对生，革质，椭圆状披针形，全缘，两面无毛；叶柄短，无毛。聚伞花序伞房状，叶腋生；花梗均无毛；花萼 5 深裂，裂片狭卵形；花冠暗紫红色，5 深裂；副花冠黑紫色，5 深裂，裂片肉质，倒卵状椭圆形，稍短于合蕊柱；柱头扁平。蓇葖果单生，狭披针状圆柱形，绿色，无毛；种子卵状椭圆形，扁平，顶端具白色种毛。花期 6～7 月，果期 7～8 月。

产宁夏同心县以北地区，生于沙地及干河床。饲用价值低等，全株有毒，家畜基本不食。

三十四 紫草科 Boraginaceae

1. 紫丹属 *Tournefortia* L.

砂引草 *Tournefortia sibirica* L.

多年生草本，高 30cm。叶披针形，全缘，两面密被平贴的白色长柔毛；无柄。伞房状聚伞花序顶生，密生白色长柔毛；花萼钟形，5 深裂，卵状披针形，背面密生白色柔毛；花冠漏斗形，白色，外面被白色长柔毛，顶端 5 裂，裂片近圆形；雄蕊 5 枚；子房圆锥形，花柱短，顶生，柱头 2 裂，基部环状膨大。果实矩圆状球形，先端平截，密被白色长柔毛。花期 5～6 月，果期 6～8 月。

产宁夏贺兰山及同心县以北地区，生于沙地、沟渠边，轻盐碱地及田边。饲用价值中等，茎秆柔软，青嫩期绵羊、山羊采食；茎秆干枯后，骆驼、牛采食。

2. 紫筒草属 *Stenosolenium* Turcz.

紫筒草 *Stenosolenium saxatile* (Pall.) Turcz.

多年生草本，高10～25cm。全株被硬毛。茎多基部分枝。基生叶与茎下部叶线状倒披针形，全缘，两面密生白色长硬毛，无柄；茎上部叶线形。总状花序顶生；花萼5深裂，裂片线形；花冠蓝紫色，花冠筒细长，边缘5裂，裂片近圆形，先端圆；雄蕊5枚，着生于花冠筒内近中部呈螺旋状排列；子房4裂，花柱细长，先端2裂。小坚果三角状卵形。花期5～6月，果期6～8月。

产宁夏贺兰山、罗山及盐池、同心等县，生于石质山坡、沙地或路边。饲用价值良等，春秋骆驼喜食，羊乐食。

3. 鹤虱属 *Lappula* Moench

（1）蓝刺鹤虱 *Lappula consanguinea* (Fisch. et Mey.) Gürke

一年生或二年生草本，高60cm。茎直立，全株密被开展或贴伏硬毛。叶线状披针形。单歧聚伞花序顶生；花萼5深裂至基部，裂片线状披针形，果期增大开展；花冠淡蓝色，钟形，檐部5裂，喉部具5个凸起的附属物；子房4裂，柱头头状。小坚果4颗，尖卵形，背面具颗粒状突起，边缘具3行锚状刺，内行刺细长，中行刺稍短，棒状，外行刺极短，仅生于小坚果腹面下部。花果期6～8月。

产宁夏六盘山及泾源、灵武、盐池等市（县），生于沙地、砾石滩地及干旱山坡。低等饲用植物，青嫩期适口性良好，羊乐食，牛、马采食。

（2）蒙古鹤虱 *Lappula intermedia* (Ledebour) Popov

一年生草本，高 60cm。茎直立，常单一，中部以上分枝，密被糙伏毛。茎生叶线形，常沿中肋稍内折，先端钝，两面被具基盘糙硬毛；花梗直伸；花萼 5 深裂，裂片线形，开展；花冠筒状，喉部稍缢缩，冠檐裂片长圆形，附属物生于花冠筒中部稍上；雌蕊基不高出小坚果；小坚果宽卵圆形，背盘卵形，被颗粒状突起，边缘具 1 行锚状刺，基部稍宽，腹面常具皱纹。花果期 5～8 月。

分布于宁夏贺兰山，生于低山砾石质坡地。低等饲用植物，青嫩期适口性良好，羊乐食，牛、马采食。

4. 齿缘草属 *Eritrichium* Schrad.

北齿缘草 *Eritrichium borealisinense* Kitag.

多年生草本，高 40cm。茎密集丛生，不分枝或上部分枝。基生叶丛生，倒披针形，先端锐尖，基部楔形，具长柄，茎生叶小，无柄。单歧聚伞花序顶生；花萼 5 裂，裂片矩圆状披针形，花冠蓝色，檐部 5 裂，裂片近圆形，喉部附属物稍伸出喉外；子房 4 裂，柱头扁球形。小坚果稍扁，背面微凸，密生疣状突起和短硬毛，棱缘具 1 行彼此分离的锚状刺，腹面有龙骨状突起。花果期 7～9 月。

产宁夏贺兰山，生于海拔 1800～2500m 的林缘、草地、沟谷、河滩地。低等饲用植物，青嫩期羊采食，牛、马也吃；后期适口性降低。

5. 附地菜属　*Trigonotis* Stev.

钝萼附地菜 *Trigonotis peduncularis* var. *amblyosepala* (Nakai & Kitagawa) W. T. Wang

一年生草本，高40cm。茎自基部多分枝。茎下部叶匙形，两面被伏硬毛。单歧聚伞花序顶生；花萼5裂，裂片倒卵状长圆形，先端钝圆，被短伏毛；花冠裂片宽倒卵形，蓝色，喉部黄色，具5个附属物，花冠筒具5条白色脉纹。小坚果卵形，四面体状，被短毛。花期6~7月，果期8~9月。

产宁夏六盘山、南华山，生于海拔1800~2500m的林缘、草地、灌丛。饲用价值中等，青嫩期羊、牛、马喜食。

三十五　旋花科　Convolvulaceae

1. 菟丝子属　*Cuscuta* L.

（1）菟丝子 *Cuscuta chinensis* Lam.

一年生寄生草本。茎细弱，缠绕，黄色，无叶。花多数，簇生，白色或黄白色，近无梗；苞片与小苞片小，鳞片状；花萼杯状，中部以下连合，先端5裂，裂片卵圆形，花冠壶状，长几为花萼长的2倍，先端5裂，裂片卵圆形，向外反折，宿存；雄蕊5枚，花丝短；鳞片长圆形，边缘流苏状；子房扁球形，2室，每室含2胚珠，花柱2个，直立，柱头头状。蒴果球形，为宿存花被几乎完全包被，成熟时盖裂。花期7~8月，果期8~10月。

产宁夏全区，多生于山坡、路边、田间，常寄生于大豆、亚麻、野西瓜苗及蒿属植物上。

旋花科 Convolvulaceae | 147

（2）欧洲菟丝子 *Cuscuta europaea* L.

一年生寄生草本。茎细弱，红紫色或淡红色，缠绕，无叶。头状花序具多花，无或几无花梗；苞片矩圆形；花萼碗状，4~5裂，裂片卵状矩圆形；花冠淡红色，杯形，花冠裂片与花萼裂片同数，裂片三角状卵形，向外反折，宿存；雄蕊着生于花冠中部，与花冠裂片互生；鳞片倒卵圆形；子房扁球形，2室，每室含2胚珠，花柱2个，叉状，柱头棒状。蒴果球形，成熟时稍扁；种子2~4粒，淡褐色。花期7~8月，果期8~9月。

产宁夏各地，生于山地、路边、田间，多寄生于蒿属植物及大豆上，为常见田间有害植物。

2. 旋花属 *Convolvulus* L.

（1）银灰旋花 *Convolvulus ammannii* Desr.

多年生矮小草本，高2~10cm。全株密被银灰色绢毛。茎平卧或上升。叶互生，基部的叶倒披针形，上部叶线形。花单生枝端，具细花梗；萼片5片，不等大，外面密被银灰色绢毛，外萼片矩圆形，内萼片较宽，宽卵圆形，先端具尾尖；花冠漏斗形，白色、淡玫瑰色，花冠外瓣中带密被银灰色绢毛，褶内无毛，冠檐5浅裂；雄蕊5枚，较雌蕊短；雌蕊子房被毛，柱头2，线形。蒴果球形，2裂；种子卵圆形，淡红褐色，光滑。花期6~9月，果期9~10月。

产宁夏全区，生于山坡、草地及沙质地。饲用价值低等，青鲜时山羊喜食，干枯后山羊也乐食。

（2）刺旋花 *Convolvulus tragacanthoides* Turcz.

半灌木，高15cm。全株被银灰色丝状毛。茎铺散呈垫状，多分枝；小枝坚硬具刺，节间短。叶互生，狭倒披针形，无柄。花单生或2～3朵集生于枝顶；萼片椭圆形，顶端具小尖头；花冠漏斗状，粉红色，具5条密生棕黄色长毛的瓣中带，冠檐5浅裂；雄蕊5枚，不等长，花丝丝状，基部扩大，长为花冠的一半；子房被毛，花柱丝状，柱头2裂，线形，长于雄蕊。蒴果圆锥形。花期6～9月，果期8～10月。

产宁夏贺兰山及其东麓和西华山，生于山前砾石滩地及干旱山坡上。饲用价值低等，春季仅绵羊、山羊吃嫩枝叶和花。

三十六　茄科 Solanaceae

1. 枸杞属 *Lycium* L.

枸杞 *Lycium chinense* Mill.

灌木，高100～200cm。枝条细弱，弓状弯曲或俯垂，淡灰色。单叶互生或2～4片簇生，卵状狭菱形，先端锐尖，全缘，两面无毛。花在长枝上1～2朵生叶腋，在短枝上同叶簇生；花萼钟形，常3中裂或4～5齿裂，裂片边缘多少有缘毛；花冠漏斗形，淡紫色，檐部5深裂，卵形，顶端圆钝，边缘具缘毛；雄蕊稍短于花冠，花丝近基部密生一圈绒毛。浆果红色。花果期7～10月。

宁夏普遍分布，生于荒地、山坡、路边、村庄附近。饲用价值中等，生长季羊、牛、马采食；冬、春季山羊、绵羊乐食当年生枝条。

2. 天仙子属 *Hyoscyamus* L.

天仙子（莨菪）*Hyoscyamus niger* L.

二年生草本，高100cm，全体被黏性腺毛。基生叶莲座状，茎生叶互生，卵形，边缘羽状深裂或浅裂，或为疏齿。花在茎中部单生叶腋，在茎上部单生于包状叶的叶腋内而聚生成蝎尾状总状花序，偏向一侧；花萼筒状钟形，5浅裂，裂片大小不等，花后增大成坛状，基部圆形，具10条纵肋；花冠钟形，黄色而具紫色脉纹。蒴果。花期6~7月，果期7~9月。

宁夏各地均有分布，生于山坡、路旁、村庄附近。有毒植物，全草含毒，家畜不采食。

三十七 车前科 Plantaginaceae

1. 婆婆纳属 *Veronica* L.

（1）长果婆婆纳 *Veronica ciliata* Fisch.

多年生草本，高10~30cm。茎直立，单一。叶对生，卵形。总状花序2~4支，侧生于茎顶端叶腋，花序短而花密集；花萼5深裂，裂片线状披针形；花冠蓝色或蓝紫色，花冠筒短，裂片4枚；雄蕊短于花冠；子房被长柔毛，花柱柱头头状。蒴果长卵形。花期7~8月，果期8~9月。

产宁夏贺兰山、六盘山及月亮山，生于高山草地。

（2）阿拉伯婆婆纳 *Veronica persica* Poir.

铺散多分枝草本，高达50cm。茎密生两列柔毛。叶2～4对；卵形或圆形，长0.6～2cm，基部浅心形，平截或浑圆，边缘具钝齿，两面疏生柔毛；具短柄。总状花序。花梗长于苞片，有的超过1倍；花萼裂片卵状披针形，有睫毛；花冠蓝、紫或蓝紫色，裂片卵形或圆形，喉部疏被毛；雄蕊短于花冠。蒴果肾形，网脉明显，凹口角度超过90°，裂片钝，宿存花柱超出凹口。花期3～5月。

产宁夏六盘山，生于路边或荒野地。饲用价值中等，牛、马、羊均喜食。

（3）光果婆婆纳 *Veronica rockii* H. L. Li

多年生草本，高40cm。茎直立，单一。叶对生，披针形，无柄。总状花序2～4支，侧生于茎顶叶腋，花序较长而花较疏散；花萼5裂，椭圆状披针形；花冠紫色，花冠筒长为花冠长的2/3，4裂，前方1枚裂片较小，后方3枚较大；雄蕊短于花冠；子房无毛，花柱柱头头状。蒴果长卵形。花期7～8月，果期8～9月。

产宁夏六盘山及贺兰山，生于林缘草地。

2. 兔尾苗属 *Pseudolysimachion* Opiz

细叶水蔓青（细叶穗花，细叶婆婆纳）*Pseudolysimachion linariifolium* (Pallas ex Link) Holub

多年生草本。茎直立。叶下部的常对生，中、上部的多互生，线状披针形，无柄。总状花序长穗状；花萼4深裂，裂片卵状披针形；花冠蓝色或蓝紫色，花冠筒长达花冠的1/2，4裂，喉部具短毛，裂片不等大，后方1枚较大，其余3枚较小；雄蕊2枚。蒴果卵球形。花期5~8月，果期6~9月。

产宁夏六盘山及罗山，生于山坡草地、灌丛。

3. 车前属 *Plantago* L.

（1）车前 *Plantago asiatica* L.

多年生草本。具须根。叶基生，卵状椭圆形；穗状花序，花多数，排列紧密；花绿白色；苞片三角状卵形，先端尖，背面具龙骨状突起，边缘膜质；花萼裂片卵状椭圆形；花冠裂片披针形或长三角形，先端渐尖。蒴果宽卵形。花期5~6月，果期7~8月。

宁夏全区普遍分布，生于山坡草地、田边、路旁及村庄附近，为田间常见杂草。饲用价值良等，叶质肥厚，细嫩多汁，各种家畜均采食。

（2）平车前 *Plantago depressa* Willd.

一年生或二年生草本。直根圆柱状。叶基生，长椭圆形，基部渐狭成长柄，背面被短柔毛；叶柄疏被柔毛，基部呈鞘状。花葶3至数条，被柔毛；穗状花序长，上部花密生，下部疏散；苞片三角状卵形，背面具绿色龙骨状突起，边缘宽膜质；萼裂片长椭圆形，背部具龙骨状突起，边缘膜质；花冠裂片卵状披针形；雄蕊4枚，外露；花柱细长，被短毛。蒴果狭卵形，盖裂；种子4~6枚，椭圆形，黑色。花期6~7

月，果期7～8月。

宁夏全区普遍分布，生于山坡、草地、路旁、田边。饲用价值中等，马、牛、羊、骆驼乐食。

（3）小车前 *Plantago minuta* Pall.

一年生草本。主根黑褐色，细长。叶多数，基生，线形，全缘，两面密被长柔毛，基部无柄，鞘状。花葶多数，密被长柔毛。穗状花序顶生，椭圆形；苞片圆卵形，背面上部被长柔毛；花萼裂片宽卵形，龙骨状突起明显，被柔毛，边缘膜质；花冠裂片狭卵形，边缘有细齿；花丝细长，花药长椭圆形；花柱与柱头疏生柔毛。蒴果卵形，盖裂；种子2枚，黑褐色。花期6～7月，果期7～8月。

产宁夏贺兰山及石嘴山、平罗、贺兰、银川、青铜峡、中卫、固原等市（县），生于石质滩地或沙地。饲用价值中等，叶量丰富，质地柔软，适口性好，各类牲畜均采食。

三十八 紫葳科 Bignoniaceae

角蒿属 *Incarvillea* Juss.

（1）角蒿 *Incarvillea sinensis* Lam.

一年生草本，高80cm。茎直立。叶2～3回羽状深裂至全裂，下部裂片再羽状分裂，最终裂片线形。总状花序顶生，具4～18朵花；花萼钟形，被毛，顶端5裂；花冠红色或红紫色，漏斗状，先端5裂，略呈2唇形，上唇2裂，相等，下唇3裂，中裂片稍大；雄蕊4枚，着生于花冠中部以下；子房圆柱形，花柱红色，柱头2裂。蒴果长角状；种子卵形，具白色膜质翅。花期6～8月，果期7～9月。

产宁夏贺兰山、罗山及平罗、盐池等县，生于山坡、河滩地、沙地及田边。饲用价值低等，青绿期家畜不采食；干枯后山羊采食，其他家畜不食。

（2）黄花角蒿 *Incarvillea sinensis* var. *przewalskii* (Batalin) C.Y.Wu & W.C.Yin

二年生草本，高80cm。茎直立。叶互生，2回羽状全裂。顶生圆锥花序；萼筒短，具5棱；花冠呈斜漏斗形，黄色，顶端5裂，略呈2唇形，上唇2裂，等大，下唇3裂，中裂片较大；2强雄蕊，具1退化雄蕊，着生于花冠中部以下；子房被毛。蒴果呈长角状；种子倒卵形，扁平，周围具白色膜质翅。花期7～9月，果期8～10月。

产宁夏六盘山、罗山及香山，生于山坡、草地。饲用价值低等，青绿期家畜不采食；干枯后山羊采食，其他家畜不食。

三十九 唇形科 Labiatae

1. 香薷属 *Elsholtzia* Willd.

密花香薷 *Elsholtzia densa* Benth.

一年生草本，高20～60cm。茎直立。叶椭圆状披针形，边缘具粗锯齿。穗状花序生枝顶，圆柱形，密被紫红色长柔毛；苞片宽倒卵形，紫红色，边缘具长柔毛；花萼钟形，萼齿5个；花冠淡紫色，冠檐2唇形，下唇3裂；雄蕊4枚，伸出2枚；花柱伸出，先端2裂。小坚果倒卵形，棕褐色，无毛，上半部疏具疣状小突起。花期5～6月，果期6～8月。

产宁夏贺兰山、南华山及盐池等县，生于山谷河边、荒地。饲用价值低等，青嫩期仅羊、牛采食，秋霜后羊乐食、牛采食。

2. 鼠尾草属 *Salvia* L.

黏毛鼠尾草 *Salvia roborowskii* Maxim.

一年生或二年生草本。茎密生腺毛。叶三角形，边缘为不规则的圆钝齿。轮伞花序具4朵花，组成疏散的总状花序；花萼钟形，外面被长硬毛及腺毛，里面疏被短伏毛及腺点，2唇形；花冠黄色，冠檐2唇形；能育雄蕊2枚，花柱伸出，先端不等2浅裂。小坚果倒卵状椭圆形，光滑。花期6～7月，果期7～8月。

产宁夏南华山及六盘山，生于海拔2400m的山谷溪边。

3. 荆芥属 *Nepeta* L.

（1）康藏荆芥 *Nepeta prattii* H.Lév.

多年生草本，高 70~90cm。茎直立单一，菱形，被短柔毛。叶狭长卵形，先端渐尖，基部浅心形，边缘具牙齿状锯齿。轮伞花序生茎顶部，密集成短穗状；苞片线形，带紫色，边缘具缘毛；花萼暗紫色，被短柔毛，2唇形；花冠紫红色，外面疏被短柔毛，冠檐2唇形，上唇2裂，下唇3裂；雄蕊4枚；花柱伸出，先端等2浅裂。花期7~8月，果期8~11月。

产宁夏六盘山、南华山、月亮山及贺兰山，生于山坡草地、林缘、山谷溪旁。

（2）大花荆芥 *Nepeta sibirica* L.

多年生草本，高 30~70cm。茎下部常带紫色，微被短柔毛。叶三角状长圆形，边缘具锯齿，两面疏被短柔毛。轮伞花序稀疏排列于茎顶部；苞片线状披针形；花萼2唇形，3裂；花冠淡蓝紫色，外面疏被短柔毛，花冠筒直伸，漏斗状，冠檐2唇形；雄蕊4枚，前对雄蕊较长，略伸出；花柱与前对雄蕊等长，先端等2浅裂。花期6~7月，果期8~11月。

产宁夏贺兰山、罗山、南华山及平罗、同心等县，生于山坡草地、路边、林缘。

4. 裂叶荆芥属 *Schizonepeta* Briq.

多裂叶荆芥 *Schizonepeta multifida* L.

多年生草本，高25～60cm。叶卵形，先端急尖，羽状浅裂至深裂。轮伞花序密集，组成顶生穗状花序；苞片倒卵形，边缘密生白色长缘毛；小苞片卵状披针形，紫色；花萼筒形，蓝紫色，萼齿5个，狭三角形；花冠淡蓝紫色，冠檐2唇形；雄蕊4枚；花柱与前对雄蕊等长，先端近等2浅裂。小坚果扁长圆形，平滑。花期7～8月，果期8～9月。

产宁夏月亮山、南华山及火石寨，生于山坡草地或山谷。饲用价值低等，青绿期仅羊采食。

5. 青兰属 *Dracocephalum* L.

（1）白花枝子花 *Dracocephalum heterophyllum* Benth.

多年生草本，高30cm。茎自基部多分枝。叶三角状长卵形，先端钝圆，边缘具圆锯齿，两面被短柔毛。轮伞花序密集而成顶生穗状花序，苞片狭倒卵形；花萼外面被短柔毛，黄绿色，下部稍带紫色，2唇形，3裂；花冠白色，外面密被短柔毛，花冠筒冠檐2唇形，上唇先端2浅裂，下唇3裂；雄蕊4枚，不伸出；花柱细长，伸出。花期5～7月。

产宁夏贺兰山、罗山、六盘山、南华山及固原、西吉、隆德等市（县），生于山坡草地、石质河滩地或田边。饲用价值中等，青绿期马、牛、羊、驴、骡采食。

唇形科　Labiatae

（2）香青兰 *Dracocephalum moldavica* L.

一年生草本，高6～40cm。茎直立。叶三角状长卵形，先端钝，边缘疏具锯齿，两面沿脉被短毛，背面被腺点。轮伞花序生枝的上部叶腋，疏散；苞片椭圆形，被短伏毛，齿端具长刺；花萼被短柔毛及腺点，2唇形，上唇3裂，裂片卵形，下唇2裂，裂片披针形；花冠淡蓝紫色，外面密被短柔毛，冠檐2唇形，上唇舟形，下唇3裂；雄蕊微伸出；花柱无毛。小坚果长圆形，顶端平，光滑。花期7～8月，果期8～9月。

产宁夏贺兰山及盐池、吴忠、同心等县（市），生于干旱山坡或石质河滩地。饲用价值中等，青绿期马、牛、羊采食。

（3）刺齿枝子花 *Dracocephalum peregrinum* L.

多年生草本，高15～25cm。茎直立。叶披针形，先端稍钝，基部渐狭成短柄，边缘具少数锯齿，齿尖具刺，无毛，边缘密生短缘毛。轮伞花序生上部叶腋，苞片倒披针形，具长刺；花梗密被倒向短柔毛；花萼紫色，2唇形，上唇3裂，裂片先端具短刺尖，下唇2裂，裂片先端具短刺尖；花冠蓝紫色，冠檐2唇形；雄蕊4枚，直伸于上唇之下；花柱细长，先端蓝紫色。花期7～8月，果期8～9月。

产宁夏盐池县，生于山坡草地。饲用价值中等，青绿期马、牛、羊采食。

6. 百里香属　*Thymus* L.

百里香 *Thymus mongolicus* Ronn.

矮小半灌木。茎多数，匍匐或上升。叶狭卵形，叶脉3对，两面无毛，被腺点，全缘。轮伞花序密集成头状；花萼钟形，被腺点，2唇形，上唇3裂，下唇2裂达全唇片的基部；花冠紫红色或淡紫红色，外面疏被短柔毛，冠檐2唇形，上唇直立，倒卵状椭圆形，顶端微凹，下唇开展，3裂；雄蕊4枚，花柱细长，先端等2浅裂。花期6～7月，果期8～10月。

产宁夏贺兰山、六盘山、南华山、麻黄山以及泾源、隆德、固原等市（县），生于山坡、石质河滩地、路边等处。饲用价值中等，幼嫩期各类家畜乐食。

7. 莸属　*Caryopteris* Bge.

蒙古莸 *Caryopteris mongholica* Bge.

矮小灌木，高30～150cm。单叶对生，披针形，两面密被短绒毛；聚伞花序，花萼钟形，顶端5裂，裂片披针形；花冠蓝紫色，高脚碟状，外面被短柔毛，花冠筒细长，先端5裂；2强雄蕊；花柱细长，稍短于雄蕊，柱头2裂。果实球形，成熟时裂为4个小坚果，斜椭圆形，周围具狭翅。花期7月，果期8～9月。

产宁夏贺兰山、香山及海原、西吉等县，生于干旱山坡。饲用价值低等，山羊、绵羊仅采食花序，冬、春季仅马采食嫩枝。

8. 黄芩属 *Scutellaria* L.

多毛并头黄芩 *Scutellaria scordifolia* var. *villosissima* C.Y. Wu & W.T. Wang

多年生草本。叶三角状狭卵形，边缘具锯齿，上面被平伏短柔毛，背面被弯曲的短柔毛。花单生上部叶腋，偏向一侧；花冠蓝紫色；小坚果球形，黄色，被瘤状突起和白色长毛。花期6~7月，果期7~8月。

产宁夏六盘山、贺兰山及隆德、海原等县，生于山坡草地、路边、沟渠旁。饲用价值低等，适口性差，青绿期羊采食，牛、马偶尔采食。

9. 兔唇花属 *Lagochilus* Bunge

冬青叶兔唇花 *Lagochilus ilicifolius* Bunge ex Benth

多年生草本，高20cm。茎多由基部分枝。叶楔状菱形，先端具3~5个裂齿，齿端具短芒状刺尖，硬革质，两面无毛。轮伞花序具2~4朵花，花冠唇形，淡黄色。花期6~7月，果期10月。

产宁夏中卫、青铜峡、银川、贺兰、平罗、石嘴山、陶乐、盐池等市（县），生于沙地及贺兰山东麓冲积扇上。饲用价值中等，羊、骆驼四季采食；马在夏、秋季少量采食；牛不食。

10. 脓疮草属 Panzerina Soják

脓疮草 *Panzerina lanata* var. *alaschanica* (Kuprian.) H. W. Li

多年生草本，高 35cm。茎直立密生白色绒毛。叶片轮廓卵圆形，茎生叶 3~5 深裂，裂片呈不规则羽状裂，小裂片卵形。轮伞花序具多花，组成穗状花序；苞片线形，先端具硬刺尖；花萼管状钟形，萼齿 5 个；花冠淡黄白色或白色，外面密生长柔毛，冠檐 2 唇形；雄蕊 4 枚，前对稍长，与花冠等长；花柱短于雄蕊，先端等 2 浅裂。花期 5~7 月。

产宁夏中卫、青铜峡、银川、贺兰、平罗、石嘴山等市（县），生于沙质地上。饲用价值中等，青鲜时马、羊和骆驼均采食。

四十 列当科 Orobanchaceae

1. 大黄花属 Cymbaria L.

光药大黄花（蒙古芯芭） *Cymbaria mongolica* Maxim.

多年生草本，高 5~20cm。茎丛生，斜升。叶对生，叶片长椭圆形，先端急尖，基部渐狭，全缘。花生于茎上部叶腋；花萼筒沿脉被柔毛，萼齿 5 个，线形，萼齿间具 2 小齿；花冠黄色，花冠筒喉部稍扩大，檐部 2 唇形，上唇略呈盔状，下唇较上唇稍长，3 裂；2 强雄蕊。蒴果长卵形。花期 5~6 月，果期 7~8 月。

产宁夏贺兰山、南华山、香山及固原市原州区，生于向阳山坡。饲用价值中等，春、夏骆驼喜食，秋季羊乐食。

2. 肉苁蓉属 *Cistanche* Hoff. et Link

沙苁蓉 *Cistanche sinensis* G. Beck.

多年生草本，高15~70cm。茎直立，肉质，圆柱形，鲜黄色，常自基部分枝，上部不分枝。叶鳞片状，卵状披针形。圆柱形穗状花序顶生；苞片矩圆状披针形，背面及边缘密被蛛丝状毛，较花萼长；小苞片线形，被蛛丝状毛；花萼钟形，4深裂，向轴面深裂达基部，裂片矩圆状披针形；花冠淡黄色，稀裂片带淡红色，管状钟形，花冠筒内雄蕊着生处有一圈长柔毛；花药被长柔毛。蒴果2深裂。花期5~6月，果期6~7月。

产宁夏盐池等县，生于沙质地或丘陵坡地。饲用价值中等，羊、驴、马、牛采食肉质茎。

3. 列当属 *Orobanche* L.

（1）弯管列当（欧亚列当）*Orobanche cernua* Loefling

一年生寄生草本，高40cm，全株被腺毛。茎直立，单一，不分枝，肉质，粗壮，褐黄色。叶鳞片状，卵形，先端尖，褐黄色。穗状花序顶生；苞片卵状披针形，先端渐尖，花萼2深裂达基部，每裂片再2裂达中部以下；花冠筒形，筒部淡黄色，檐部淡紫色，2唇形，上唇2浅裂，下唇3浅裂；雄蕊4枚，着生于花冠筒中部以下，花丝无毛，花药无毛。子房上位，花柱细长，柱头2裂。蒴果椭圆形，褐色，顶端2裂。花期6~7月，果期7~8月。

产宁夏贺兰山及银川、盐池等市（县）。生于山坡、荒地及田边。饲用价值低等，羊、驴采食。

（2）列当 Orobanche coerulescens Steph.

一年生寄生草本，高 15～40cm，全株被蛛丝状绵毛。茎直立，不分枝，肉质，粗壮，黄褐色。叶鳞片状，互生，狭卵形，先端尖。穗状花序顶生；苞片卵状披针形，稍短于花，先端尾状渐尖；花萼2深裂达基部，每一裂片再2浅裂；花冠筒形，蓝紫色或淡紫色，筒部稍弯曲，檐部2唇形，上唇宽，下唇3裂，中裂片较大；雄蕊4枚，花丝基部被毛；子房上位，椭圆形，柱头头状。蒴果卵状椭圆形，2瓣裂。花期7月，果期8月。

产宁夏全区，生于山坡草地、沙地。饲用价值低等，羊、驴采食。

（3）黄花列当 Orobanche pycnostachya Hance

二年生或多年生寄生草本，高 10～40cm，全株密生腺毛。茎直立，单一，不分枝，肉质，粗壮，黄褐色。叶鳞片状，卵状披针形。穗状花序顶生；花萼2深裂达基部，每裂片再2中裂；花冠筒形，黄色，檐部2唇形，上唇浅裂，下唇3浅裂，中裂片较大；雄蕊4枚，着生于花冠筒中部以下，花丝基部稍生腺毛；子房上位，花柱细长，伸出花冠外，疏被腺毛。蒴果矩圆形，2瓣裂。花期7月，果期8月。

产宁夏盐池、中卫、同心等市（县），生于山坡、草地或沙丘上。饲用价值低等，羊、驴采食。

4. 小米草属 *Euphrasia* L.

小米草 *Euphrasia pectinata* Tenore

一年生草本，高 10～30cm。茎直立被白色柔毛。叶对生，卵形，先端尖，基部宽楔形，每边具数个深的尖锯齿，两面沿叶脉及边缘具短硬毛；无柄。穗状花序顶生；苞叶与茎生叶同形且较大，对生；花萼管状，4 裂，裂片三角状披针形，被短硬毛；花冠白色或淡紫色；雄蕊 4 枚。蒴果卵状矩圆形。花期 7～8 月，果期 9 月。

产宁夏六盘山、贺兰山、罗山、南华山，生于阳坡草地或灌丛中。饲用价值低等，青嫩期仅羊采食叶片。

5. 马先蒿属 *Pedicularis* L.

（1）弯管马先蒿 *Pedicularis curvituba* Maxim.

一年生草本，高 30～50cm。茎自基部多分枝，四棱形，具 4 裂短柔毛。叶 4 枚轮生，叶片长椭圆状披针形，羽状全裂，裂片线形。总状花序顶生；苞片叶状，基部扩展为卵形，背面疏被柔毛；花萼卵状钟形，萼齿 5 个，不等大；花冠黄色，花冠管在萼开口处向前曲膝，盔弧形弯曲，直立部分内侧有 1 对三角形小凸起，盔端渐细成喙，喙端平截，下唇与盔近等长，侧裂片大，中裂片小；雄蕊花丝均被毛；花柱稍伸出。蒴果狭斜卵形。花期 7～8 月，果期 8～9 月。

产宁夏六盘山、罗山及南华山，生于海拔 2400m 左右的山坡草地或灌丛下。饲用价值中等，鲜草羊、牛稍食。

（2）甘肃马先蒿 *Pedicularis kansuensis* Maxim.

一年生或二年生草本。茎直立，多由基部分枝，上部不分枝，具4列短柔毛。基生叶具长柄，茎生叶叶柄较短，4枚轮生，叶片长椭圆形，羽状全裂，裂片椭圆形，羽状深裂。总状花序顶生；苞片下部的叶状，上部的3裂；花萼近球形，萼齿5个；花冠淡紫红色，花冠管在基部以上向前曲膝，盔长微镰状弓曲，额高凸，顶端具波状的鸡冠状突起，下唇长于盔；雄蕊花丝1对有毛；柱头略伸出。蒴果狭斜卵形。花期6~7月，果期7~8月。

产宁夏南华山及隆德、西吉等县，生于山坡草地、路旁及田边。饲用价值中等，青嫩期羊、牛、马采食。

（3）藓生马先蒿 *Pedicularis muscicola* Maxim.

多年生草本。茎丛生、斜升。叶互生，叶片长椭圆形，羽状全裂，裂片卵状披针形。花生叶腋，花萼长管状，被柔毛，前方不裂，萼齿5个；花冠玫瑰红色，花冠管细长，疏被白色柔毛，盔几在基部即向左方扭折使其顶部向下，前端渐细为卷曲或S形的长喙，喙反向上方卷曲，下唇极大；雄蕊花丝均无毛；花柱稍伸出于喙端。蒴果卵圆形，包藏于宿存花萼内。花期5~7月，果期7~8月。

产宁夏贺兰山、罗山、南华山、六盘山及隆德等县，生于林下或阴湿的灌丛中。饲用价值中等，青嫩期茎秆柔软，羊、牛、马采食。

（4）红纹马先蒿 *Pedicularis striata* Pall.

多年生草本，高100cm。茎直立。叶互生，基生叶丛生，开花时枯萎，茎生叶向上渐小，至花序中成苞片；叶片披针形，羽状深裂至全裂，裂片线形。穗状花序顶生，花序轴密被短柔毛；苞片下部叶状，上部的3裂；花萼管状钟形，萼齿5个；花冠黄色，具绛红色条纹，花冠筒在喉部以下向右扭旋，使花冠稍偏向右方，盔长向前端镰刀状弯曲，先端下缘具2齿，下唇稍短于盔。蒴果卵圆形，具短凸尖。花期6~7月，果期7~8月。

产宁夏贺兰山、六盘山及罗山，生于林缘及山坡草地。饲用价值中等，鲜草羊、牛稍吃。

（5）穗花马先蒿 *Pedicularis spicata* Pall.

一年生草本。茎呈丛生状，沿棱具4列白色长柔毛。基生叶具柄，茎生叶多4枚轮生，叶片长椭圆状披针形，羽裂，裂片三角状卵形。穗状花序顶生；下部的苞片叶状，上部的菱状卵形；花萼钟形，萼齿3个；花冠紫红色，花冠筒在花萼口向前方以近直角屈膝，盔长指向上方，额高凸；下唇中裂片较小，侧裂片较大；柱头由盔端稍伸出。蒴果斜狭卵形。花期5~8月，果期6~9月。

产宁夏六盘山、南华山、月亮山及固原市原州区，生于海拔2500m左右的山谷溪流旁或阴坡灌丛下。饲用价值中等，青鲜时牛、羊稍食。

四十一　桔梗科　Campanulaceae

沙参属　*Adenophora* Fisch.

（1）泡沙参 *Adenophora potaninii* Korsh.

多年生草本，高100cm。茎直立，单一，不分枝，无毛。茎生叶互生，较密，卵状椭圆形，边缘具少数不规则的粗锯齿；无柄。圆锥花序顶生；花萼无毛，萼裂片三角状披针形，每侧具1～2个狭长齿；花冠钟形，蓝紫色，无毛，5浅裂，裂片卵状三角形，先端尖；雄蕊5枚；花盘筒状；花柱较花冠短。蒴果椭圆。花期8～9月，果期9～10月。

产宁夏六盘山和南华山、西华山，生于山坡草地、灌丛或林下。饲用价值中等，嫩茎叶羊、牛采食。

（2）长柱沙参 *Adenophora stenanthina* (Ledeb.) Kitaga.

多年生草本，高120cm。茎直立，基部多分枝，密生极短的柔毛。茎生叶互生，多集中于中部以下，线状披针形，全缘或具不规则的细锯齿；无柄。总状花序或圆锥花序，花下垂，花梗细；花萼无毛或被极短柔毛，裂片5，狭长三角形；花冠蓝紫色，口部稍收敛，5浅裂，无毛；雄蕊5枚，与花冠近等长，花盘长筒状；花柱明显伸出花冠，上部密生短柔毛。花期7～8月，果期8～9月。

产宁夏罗山及海原县、中卫市和盐池县，生山谷边和田边。饲用价值中等，嫩茎叶羊、牛采食。

四十二　菊科　Compositae

1. 蓝刺头属　*Echinops* L.

砂蓝刺头　*Echinops gmelini* Turcz.

一年生草本，高10~90cm。茎直立，被白色绵毛或腺毛。叶线状披针形，先端渐尖，基部无柄，半抱茎，边缘具不整齐的齿牙，齿牙先端具硬刺，两面被蛛丝状绵毛。复头状花序，淡蓝色或白色；头状花序污白色，外层总苞片菱状倒披针形，内层总苞片长矩圆形，先端具芒尖，边缘黄棕色，中部褐色，无毛；花冠筒，白色，花冠裂片线形，淡蓝色。瘦果倒圆锥状矩圆形，密被棕黄色毛。花期6~7月，果期7~8月。

产宁夏银北地区及中卫、青铜峡、灵武、盐池、同心等市（县），生于固定沙丘及沙质地。饲用价值低等，青鲜期骆驼、驴和马喜食花序、叶及嫩茎，牛、羊采食其叶、花序和果实，干枯后骆驼乐食。

2. 猬菊属　*Olgaea* Iljin

（1）火媒草　*Olgaea leucophylla* (Turcz.) Iljin

多年生草本，高15~80cm。茎直立，具纵沟棱，密被白色绵毛。叶长椭圆状披针形，具长硬刺，基部沿茎下延成翅，边缘具齿牙，齿端及边缘具不等长的硬刺，上面疏被蛛丝状绵毛，下面灰白色，密被灰白色蛛丝状绵毛；基生叶及茎下部的叶具柄。头状花序大，单生；总苞宽钟形；总苞片多层，线状披针形，先端具长刺尖；管状花粉红色或白色。瘦果矩圆形，具纵纹和褐斑。花期7~9月，果期8~10月。

宁夏全区普遍分布，生于干旱山坡、沙质地或固定沙丘上。饲用价值低等，幼嫩期绵羊、山羊采食；秋、冬季骆驼、牛乐食花序。

（2）刺疙瘩 *Olgaea tangutica* Iljin

多年生草本，高20～100cm。茎直立，具分枝，被蛛丝状绵毛。基生叶具柄，茎生叶无柄；叶片线状长椭圆形，先端具针刺，叶基部下延成翅，边缘羽状浅裂，裂片三角形，扭曲，先端具刺，下面灰白色，被灰白色蛛丝状绵毛。头状花序单生；总苞宽钟形；总苞片多层，线状披针形，顶端具长刺尖，管状花蓝紫色。瘦果矩圆形；冠毛刚毛糙毛状。花期7～9月，果期8～10月。

产宁夏六盘山及云雾山，生于山坡及石质地。饲用价值低等，幼苗期羊采食嫩叶；随生长期延长，叶片边缘刺变硬后家畜几乎不采食，牛、驴和羊只偶尔采食其花序。

3. 风毛菊属 *Saussurea* DC.

（1）草地风毛菊 *Saussurea amara* (L.) DC.

多年生草本，高15～60cm。茎直立，单生。基生叶与茎下部叶卵状长椭圆形，先端渐尖，边缘全缘，具极短的骨质刺，两面无毛；叶柄柄基扩展成鞘，无毛；叶向上渐变小，披针形。头状花序排列成伞房花序；总苞钟形，总苞片5～6层，外层披针形，先端尖，中层和内层线形，顶端淡紫红色，边缘有细齿的膜质附片；花冠粉红色。瘦果圆柱形，冠毛2层，外层糙毛状，白色，内层羽毛状，浅棕色。花期7～8月，果期8～9月。

宁夏引黄灌区普遍分布，生于田边、路旁、渠沟边上。饲用价值中等，秋季牛、羊采食，冬、春季羊、骆驼乐食。

（2）紫苞雪莲（紫苞风毛菊）*Saussurea iodostegia* Hance

多年生草本，高30～70cm。茎直立，单生。基生叶丛生，长椭圆状披针形；茎生叶少数，无柄；最上部的叶状苞椭圆形，上半部紫红色。头状花序成伞房花序；总苞宽钟形；总苞片3～4层，外层总苞片短，卵形，边缘暗紫褐色，中层总苞片卵状椭圆形，边缘暗紫褐色，内层总苞片线状长椭圆形，膜质；管状花紫色。瘦果矩圆形，褐色，冠毛羽毛状。花期7～8月，果期8～9月。

产宁夏六盘山、南华山及月亮山，生于林缘或山坡草地。饲用价值中等，春季返青早，茎叶柔嫩，适口性较好，马、牛、羊采食；夏秋季仅马少量采食。

（3）风毛菊 *Saussurea japonica* (Thunb.) DC.

二年生草本，高50～150cm。茎直立。基生叶与茎下部叶长椭圆形，羽状深裂，顶裂片披针形，侧裂片长椭圆形；茎上部叶披针形，无柄。头状花序排列成复伞房花序；总苞筒状钟形；总苞片5～6层，外层狭卵形，中层卵状披针形，内层线形，与中层的先端均扩展为膜质、紫红色、近圆形、边缘具齿的附片；花冠紫红色。瘦果圆柱形，褐色。花期7～9月，果期8～10月。

产宁夏西吉、固原及盐池等市（县），生于山坡、路旁及荒地。饲用价值中等，叶量大，柔嫩，马、牛、羊均喜食；冬季羊、马均乐食。

（4）翼枝风毛菊 *Saussurea japonica* var. *pteroclada* (Nakai & Kitagawa) Raab-Straube

本变种与正种的主要区别在于叶基沿茎下延成有齿或全缘的翅，高 20~50cm。产宁夏贺兰山及六盘山。

饲用价值中等，叶量大，柔嫩，马、牛、羊均喜食；冬季羊、马均乐食。

（5）小花风毛菊 *Saussurea parviflora* (Poir.) DC.

多年生草本，高 30~100cm。茎直立，单生。叶长椭圆形，边缘具细尖齿。头状花序在茎顶排列成伞房花序；总苞筒状钟形；总苞片 3~4 层，外层总苞片卵形，先端尖，顶端黑色，中层总苞片卵状椭圆形，先端钝，内层总苞片长椭圆形，先端钝；花冠紫色。瘦果圆柱形，黑色；冠毛 2 层，外层刚毛状，内层羽毛状。花期 7~8 月，果期 8~9 月。

产宁夏南华山及罗山，生于林下及林缘草地。

（6）西北风毛菊 *Saussurea petrovii* Lipsch.

半灌木，高 5~20cm。根粗壮，木质，深褐色，外皮纤维状纵裂。茎丛生，直立，密被灰白色短绵毛。叶倒披针状线形，上面绿被短绵毛，下面灰白色，密被灰白色绵毛。头状花序在茎顶排列成伞房花序；总苞筒状钟形；总苞片 5 层，被短绵毛，边缘暗紫红色，中肋绿色，外层卵形，中层卵状椭圆形，内层披针形；花冠粉红色，被腺点。瘦果倒卵状圆柱形，褐色，具黑色斑点；冠毛 2 层，外层糙毛状，内层羽毛状。花期 7~8 月，果期 8~9 月。

产宁夏贺兰山及南华山，生于向阳干旱山坡。饲用价值中等，羊、骆驼乐食，牛也采食。

（7）折苞风毛菊 *Saussurea recurvata* (Maxim.) Lipsch.

多年生草本，高 40~80cm。茎直立，单一。基生叶和茎下部叶长三角状卵形，边缘具疏的细齿牙；叶柄疏被白色绵毛，茎生叶向上较小，最上部的叶披针形，全缘，无柄。头状花序 3~6 个，排列成的伞房花序；总苞钟形；总苞片 4~5 层，先端长渐尖，反折，上部暗紫褐色，被蛛丝状长绵毛，外层卵形，中层卵状披针形，内层披针形；花冠紫色。瘦果圆柱形，冠毛 2 层，淡褐色。花果期 7~9 月。

产宁夏六盘山及南华山，生于林缘、灌丛或山坡草地。饲用价值中等，青嫩期家畜乐食；花蕾期羊、牛均采食，乐食花序。

（8）倒羽叶风毛菊 *Saussurea runcinata* DC.

多年生草本，高15～60cm。茎直立，单生。基生叶与茎下部的叶长椭圆形，羽裂，顶裂片线形，侧裂片线状长椭圆形；上部叶狭披针形，羽裂。头状花序排列成复伞房花序；总苞钟形；总苞片5～6层，外层狭卵形，中层卵状披针形，内层线状长椭圆形，先端扩展成淡紫红色膜质的附片；花冠紫红色。瘦果圆柱形，褐色；冠毛2层，外层糙毛状，白色，内层羽毛状，淡黄色。花期7～8月，果期8～9月。

产宁夏六盘山及南华山，生于向阳山坡草地。饲用价值低等，夏秋季牛、羊、骆驼、马采食。

4. 苓菊属 *Jurinea* Cass.

蒙疆苓菊 *Jurinea mongolica* Maxim.

多年生草本，高8～25cm。茎基粗厚，具极厚的白色绵毛团。茎直立，丛生。叶长椭圆状披针形，羽裂，边缘常皱曲而反卷，两面被蛛丝状白色绵毛。头状花序单生枝端；总苞钟形；总苞片5～6层，黄绿色，背面疏被蛛丝状绵毛，外层总苞片狭卵形，中层卵状披针形，内层线状披针形，先端成长刺尖；花冠红紫色。瘦果倒圆锥形，褐色，具4棱；冠毛污黄色，羽毛状，极不等长。花期6～7月，果期7～8月。

产宁夏石嘴山、平罗、贺兰、银川、青铜峡、中卫等市（县），生于荒漠或沙质地。饲用价值中等，骆驼、马、羊乐食。

5. 牛蒡属 *Arctium* L.

牛蒡 *Arctium lappa* L.

二年生草本，高 200cm。茎直立，上部多分枝。基生叶大形，丛生，宽卵形，先端钝，具小尖头，基部心形，下面密被灰白色绵毛；茎生叶互生，宽卵形，具短柄。头状花序单生枝顶或多数排列成伞房状；总苞球形；总苞片多层，刚硬，下部边缘具骨质齿，顶端具钩状刺；管状花紫红色。瘦果椭圆形，具三棱；冠毛短，刚毛状。花果期 6～8 月。

宁夏全区普遍分布，生于路旁、田边、山坡及村庄附近。饲用价值低等，羊、牛少量采食。

6. 蓟属 *Cirsium* Mill.

（1）刺儿菜 *Cirsium arvense* var. *integrifolium* C. Wimm. et Gra.

多年生草本。茎直立，具纵沟棱。叶长椭圆形，齿端及边缘具刺。头状花序单生茎顶或数个生于茎顶和枝端；总苞钟形；总苞片多层，花冠紫红色。瘦果椭圆形，无毛；冠毛羽状。花果期 7～9 月。

产宁夏全区，多生于田间、荒地、路边，为常见田间杂草。饲用价值中等，幼嫩期马、牛、羊、骡等乐食嫩枝和花序。

（2）魁蓟 *Cirsium leo* **Nakai et Kitag.**

多年生草本，高40～100cm。茎直立，上部具分枝。叶互生，长椭圆形，无柄，基部半抱茎，羽状深裂，裂片卵状三角形，顶端具刺尖，边缘具齿牙，顶端具刺。头状花序单生；总苞宽钟形；总苞片多层，外层总苞片线状长椭圆形，先端及边缘具刺，背面疏被蛛丝状毛，内层总苞片披针形，顶端具刺，上部边缘具睫毛状短刺；管状花紫红色。瘦果长椭圆形，冠毛污白色，羽状。花期6～7月，果期8～9月。

产宁夏六盘山，生于山坡草地、林缘或路边，饲用价值低等，营养期茎叶鲜嫩、质软，牛、羊均喜食。

（3）牛口刺 *Cirsium shansiense* **Petrak**

多年草本，高150cm。茎直立。中部茎叶卵形或长椭圆形，长羽状浅裂、半裂或深裂；侧裂片3～6对，偏斜三角形或偏斜半椭圆形，中部侧裂片较大，全部侧裂片不等大2齿裂；顶裂片长三角形、宽线形或长线形，顶端或齿裂顶端及边缘有针刺；自中部叶向上的叶渐小，与中部茎叶同形等分裂并具有等样的齿裂或不裂。头状花序多数，在茎枝顶端排成伞房花序。总苞卵形或卵球形，总苞片7层，覆瓦状排列，向内层逐渐加长，内层及最内层披针形或宽线形，顶端膜质扩大，红色。花粉红色或紫色。瘦果偏斜椭圆状倒卵形。花果期5～11月。

产宁夏彭阳县黄峁梁，生于山坡草地、河边湿地和路旁。

7. 飞廉属 *Carduus* L.

丝毛飞廉 *Carduus crispus* L.

二年生草本，高 40~150cm。茎直立，单生，上部具分枝。叶长椭圆形，基部渐狭成柄，羽裂，裂片卵形，具刺尖，边缘具齿牙，齿端及边缘具不等长的细刺，被多细胞的皱曲柔毛。头状花序；总苞宽钟形，总苞片多层；管状花紫红色。瘦果长椭圆形。花果期 6~8 月。

产宁夏全区，生于石质河滩地、路边或田边。饲用价值低等，幼苗期羊、牛、马、驴均乐食，现蕾至开花期，牛、马、羊仅食其花序。

8. 麻花头属 *Klasea* Cass.

（1）麻花头 *Klasea centauroides* (L.) Cass.

多年生草本，高 100cm。茎直立，不分枝。叶长椭圆形，羽裂，裂片长椭圆形，先端尖，具小尖头，边缘具齿牙。头状花序单生茎顶；总苞宽钟形至杯状；总苞片约 6 层，上半部黑褐色，外层和中层总苞片卵状椭圆形，内层矩圆形，先端具淡紫红色宽线形附片；花冠淡紫色，狭筒部短于檐部。瘦果圆柱形，褐色，具纵棱。花期 6~7 月，果期 7~8 月。

产宁夏香山，生于林缘草地、山坡、路边。饲用价值中等，早春返青后，牛、马、羊均喜食嫩叶。

（2）蕴苞麻花头 *Klasea centauroides* subsp. *strangulata* (Iljin) L. Martins

多年生草本，高40～100cm。茎直立。叶椭圆形，基部或下半部边缘羽裂，上半部边缘具尖齿牙，两面被皱曲的毛；茎中部及上部的叶大头羽状深裂。头状花序单生茎顶；总苞半球形；总苞片5～6层，上半部紫褐色，外层和中层总苞片卵形，内层矩圆形，顶端具线形淡黄色的附片；花冠紫红色。瘦果椭圆形，具纵肋；冠毛浅棕色。花期6～7月，果期7～9月。

产宁夏六盘山、贺兰山、月亮山、南华山及盐池、同心等县，生于林缘草地或路边。饲用价值低等，幼嫩时牛羊采食。

9. 漏芦属 *Rhaponticum* Vaillant

漏芦 *Rhaponticum uniflorum* (L.) DC.

多年生草本，高30～100cm。茎直立，单生。基生叶与茎下部叶长椭圆形羽裂，裂片矩圆形，边缘具不规则的齿牙；茎中部及上部叶较小。头状花序大；总苞宽钟形，基部凹入；总苞多层，外层与中层总苞片宽卵形，掌状撕裂状，内层披针形；花冠淡紫红色。瘦果倒圆锥形，棕褐色；冠毛淡褐色，不等长，具羽状短毛。花期6～7月，果期7～8月。

产宁夏贺兰山、罗山、六盘山，生于向阳山坡草地。饲用价值低等，返青至开花期，牛、羊、马采食花序或叶片。

10. 拐轴鸦葱属　*Lipschitzia* Zaika, Sukhor. & N. Kilian

拐轴鸦葱 *Lipschitzia divaricata* (Turcz.) Zaika, Sukhor. & N.Kilian

多年生草本，高70cm。茎多数自根状茎上部发生，叉状分枝。叶线形，先端反卷弯曲。头状花序单生枝顶；总苞圆柱状，总苞片3～4层，外层卵形，先端尖，中肋明显隆起，内层披针形，先端稍钝，边缘干膜质，背面密生白色蛛丝状短毛；舌状花4～5朵，黄色，与内层总苞片等长，两性，结实。瘦果圆柱形，淡黄褐色，具纵棱，无毛，冠毛羽状。花期5～6月，果期7～8月。

产宁夏贺兰山东麓及盐池、同心等县，生于砾石滩地及沙质地。饲用价值中等，青鲜时羊、骆驼乐食，马、牛少量采食。

11. 鸦葱属　*Takhtajaniantha* Nazarova

帚状鸦葱 *Takhtajaniantha pseudodivaricata* (Lipsch.) Zaika, Sukhor. & N. Kilian

多年生草本，高7～50cm。叶线形，先端长渐尖，无毛，上部叶短小。头状花序单生枝顶；总苞圆柱状，总苞片约5层，外层三角形，先端尖，内层披针状长椭圆形，边缘狭膜质；具7～12朵舌状花，黄色，两性，结实。瘦果圆柱形，稍弯曲，暗褐色，冠毛羽状。花期5～6月，果期7～8月。

产宁夏贺兰山及平罗、灵武、青铜峡、中卫等市（县），生于干旱山坡。饲用价值良等，春、夏两季绵羊、山羊、骆驼喜食。

12. 蒲公英属 *Taraxacum* F. H. Wigg.

（1）蒲公英 *Taraxacum mongolicum* Hand.-Mazz.

多年生草本。叶倒卵状披针形，基部渐狭成柄，大头羽裂，或不分裂而边缘具不规则的倒向齿牙，两面无毛。花葶与叶近等长或较叶为长，顶端被蛛丝状毛；总苞宽钟形；外层总苞片卵状披针形，边缘膜质，背面绿色，顶端具明显的小角或无，顶端边缘具缘毛，内层总苞片线状披针形，长为外层总苞片的1.5～2.0倍，顶端具小角；舌状花黄色。瘦果倒披针形，棕褐色，具纵沟，全体具刺状突起，并有横纹相连；冠毛白色。花果期5～7月。

宁夏全区普遍分布，生于山坡草地、田地、路旁。饲用价值中等，叶柔嫩，适口性好，牛、羊、马四季采食。

（2）垂头蒲公英 *Taraxacum nutans* Dahlst.

二年生草本，高10～30cm。叶披针形、狭披针形或倒卵状披针形，先端钝或具疏或密的尖齿，全缘。花葶1至数个，直立，约与叶等长或稍长于叶；头状花序总苞钟状，花后常下垂，总苞片约4层，近等长，线形，基部弧状或多少弯曲，先端具带紫色的短角状突起；舌状花呈黄褐色。瘦果先端尖，具短刺状突起，下部多少具瘤状突起或光滑，具圆柱形喙基。花果期6～7月。

产宁夏六盘山和南华山，生于山坡草地或林下。饲用价值中等，叶柔嫩，适口性好，牛、羊、马四季采食。

菊科　Compositae

13. 苦荬菜属　*Ixeris* Cass.

中华苦荬菜　*Ixeris chinensis* (Thunb.) Nakai

多年生草本，高5～47cm。茎丛生。基生叶莲座状，线状披针形；茎生叶1～2枚，披针形，基部稍抱茎。头状花序多数，排列成疏的伞房状圆锥花序；总苞圆筒状，总苞片2层，外层总苞片小，卵形，边缘狭膜质，内层总苞片线状披针形，边缘狭膜质；舌状花黄色、白色或淡紫红色。瘦果狭披针形。花果期5～8月。

宁夏全区普遍分布，生于山坡、路边、荒地、渠沟旁或田间。饲用价值中等，茎叶柔嫩多汁，在青鲜期绵羊、山羊喜食，牛、马也少量采食。

14. 橐吾属　*Ligularia* Cass.

（1）掌叶橐吾　*Ligularia przewalskii* (Maxim.) Diels

多年生草本，高60～100cm。茎直立单生，常带暗紫色。基生叶轮廓近圆形，基部深心形，掌状深裂，裂片7个，菱形。头状花序多数，在茎顶排列成总状花序；苞叶狭线形；总苞圆筒形；总苞片5个，外层线形，内层长椭圆形，边缘膜质，舌状花2朵，舌片顶端3齿裂，黄色，管状花3～5朵，花冠黄色。瘦果圆柱形，具纵肋，褐色；冠毛紫褐色，糙毛状。花期7～8月，果期8～9月。

产宁夏六盘山和南华山，生于林缘、草地或山谷溪边。有毒植物，无饲用价值。

（2）箭叶橐吾 Ligularia sagitta (Maxim.) Mattf. ex Rehder & Kobuski

多年生草本，高25～70cm。茎直立，单一，具明显的纵沟棱。基生叶卵形，边缘具不规则的圆钝细齿，被蛛丝状绵毛，沿脉被长粗毛；叶柄具纵沟棱，被蛛丝状绵毛，柄基扩展成鞘状。头状花序在茎顶排列成总状花序；苞叶线状披针形；总苞圆筒形；外层线形，内层长椭圆形，顶端边缘具白色短缘毛；舌状花黄色，先端3齿裂，管状花顶端5裂，黄色。瘦果圆柱形，具纵肋。花期7月，果期8～9月。

产宁夏六盘山，生于山坡草丛或山谷溪边或湿地。有毒植物，无饲用价值。

15. 香青属 *Anaphalis* DC.

（1）乳白香青 *Anaphalis lactea* Maxim.

多年生草本，高15～40cm。茎直立丛生，不分枝。基生叶及茎下部叶倒披针形，叶片两面及叶柄均密被白色绵毛，茎中部和上部的叶披针形，具1条脉，两面密被白色绵毛。头状花序在茎顶排列成复伞房花序；总苞钟形，总苞片4层，外层卵形，褐色，最内层倒披针形；雌株头状花序具多层雌花，中央具2～3朵两性花，雄株头状花序全部为不育的两性花。冠毛较花冠稍长。瘦果无毛。

产宁夏南华山及固原市原州区、隆德等县，生于山坡草地、沟边或田边。饲用价值低等，羊采食。

（2）香青 *Anaphalis sinica* Hance

多年生草本，高80cm。茎直立不分枝。叶互生，长椭圆形，基部渐狭并下延沿茎形成狭翅，上面被白色蛛丝状绵毛，下面密被灰白色绵毛。头状花序排列成2~3回的复伞房花序，密集；总苞钟形，总苞片约7层，外层狭卵形，棕色，最内层长椭圆形；雌株头状花序具多层雌花，中央具1~4朵不育两性花；雄株头状花序全部为不育两性花。冠毛稍长于花冠，具锯齿。瘦果被小腺点。花期6~8月，果期8~10月。

产宁夏六盘山、南华山及严家山，生于草地或山谷湿地。饲用价值低等，青嫩期和干枯后羊采食。

16. 火绒草属 *Leontopodium* R. Br.

（1）长叶火绒草 *Leontopodium junpeianum* Kitam.

多年生草本，高2~45cm。茎直立不分枝，密生白色棉状茸毛。基生叶莲座状丛生，线状倒披针形，基部鞘状，下面被短茸毛，花期枯萎且宿存；茎生叶线状长矩圆形，半抱茎，上面被蛛丝状毛，干后呈黑褐色，背面被灰白色茸毛；苞叶卵状披针形，两面生淡黄白色长柔毛状茸毛，集成开展的苞叶群。头状花序多数，密集；总苞片3层，长椭圆形，无毛；小花雌雄异株，花冠，雄花花冠细漏斗状；雌花花冠细管状。瘦果圆柱形，冠毛白色。花期7~8月，果期8~9月。

产宁夏六盘山、月亮山及固原市原州区、隆德等县，生于山坡草地或灌丛。饲用价值低等，青鲜时各类家畜均采食。

（2）火绒草 *Leontopodium leontopodioides* (Willd.) Beauv.

多年生草本，高5~45cm。花茎直立，不分枝，密生白色绵毛状茸毛。茎生叶披针形，无柄，两面密被绵毛状茸毛；苞叶披针形，两面密被茸毛，不组成展开的苞叶群。头状花序5~7个，密集；总苞半球形；密被白色绵毛状茸毛，总苞片4层，披针形；小花雌雄异株；雄花花冠狭漏斗形；雌花花冠细管状。瘦果长圆柱状；冠毛白色。花期6~7月，果期7~9月。

产宁夏贺兰山、罗山、麻黄山、六盘山及南华山，生于山坡、河滩地。饲用价值低等，青鲜时各类家畜均采食，秋后适口性有所提高。

（3）矮火绒草 *Leontopodium nanum* (Hook. f. et Thoms.) Hand.-Mazz.

多年生草本，垫状。花茎单生，直立，不分枝，密生白色长绵毛。基部叶丛生；茎生叶匙形，基部渐狭成短窄的鞘部，两面密被长柔毛状绵毛，苞叶直立，不开展成星状苞叶群。头状花序1~3个；总苞片4~5层，线形，褐色，露于绵毛之上；花雌雄异株；雄花花冠漏斗状；雌花花冠细管状，先端4裂，花柱外露，柱状2裂。冠毛白色，雌花冠毛细丝状，雄花冠毛上部增粗。花期5~6月，果期6~7月。

产宁夏贺兰山和六盘山，生于山坡草地。饲用价值低等，株型小，产量低，饲用价值不大。

（4）绢茸火绒草 *Leontopodium smithianum* Hand.-Mazz.

多年生草本。花茎直立，丛生。基生叶花期枯萎；茎生叶直立，线状倒披针形，无柄，上面被绵毛状长柔毛，背面密生绵毛状茸毛；苞叶线状披针形，两面密被白色茸毛，组成不整齐的开展苞叶群。头状花序组成伞房状；总苞片3~4层，披针形；雄雌异株；雄花花冠细漏斗状；雌花花冠细管状。瘦果圆柱形，冠毛白色。花期5~7月，果期7~9月。

产宁夏贺兰山、六盘山、海原关门山及隆德等县，生于山坡、田边、路旁。饲用价值低等，春季家畜少食，夏、秋季牛、羊不食，冬季稍喜食。

17. 紫菀属 *Aster* L.

（1）阿尔泰狗娃花 *Aster altaicus* Willd.

多年生草本，高100cm。茎多分枝。基生叶开花时枯萎，茎生叶互生，线形，基部渐狭，全缘，无柄，两面被弯曲的短硬毛。头状花序总苞半球形，总苞片2~3层，草质，边缘膜质。舌状花淡蓝紫色，管状花黄色。瘦果倒卵状矩圆形，管状花冠毛红褐色，糙毛状。花期5~9月，果期6~10月。

宁夏全区普遍分布，生于荒漠、沙地、路边、山坡。饲用价值中等，生长早期羊乐食嫩枝叶和花；花后仅骆驼采食地上部分；干枯后羊乐食，其他家畜也采食。

（2）蒙古马兰 *Aster mongolicus* Franch.

多年生草本，高60～100cm。茎直立，上部具分枝。叶椭圆形，边缘下部齿或羽裂，上面被短硬毛，背面被短柔毛；无柄，上部叶渐小，披针形，全缘。头状花序单生枝端或排列成伞房花序；总苞半球形；总苞片3层，边缘暗紫红色，边缘被短缘毛；边花淡蓝紫色，舌状，管状花黄色。瘦果狭倒卵形。花期7～8月，果期8～9月。

产宁夏六盘山，生于林缘草地或路边草丛中。

（3）全叶马兰 *Aster pekinensis* (Hance) Kitag.

多年生草本，高90cm。茎直立，多分枝。叶互生，较密，披针形，先端锐尖，全缘，边缘反卷，两面密被灰白色短毛；无柄，上部叶渐小。头状花序单生枝顶；总苞半球形；总苞片3层，边缘紫红色或褐色，具短缘毛；边花淡紫色，舌状，管状花黄色。瘦果倒卵形，冠毛褐色。花期7～8月，果期8～9月。

产宁夏六盘山，生于林缘或灌丛中。

（刘冰拍摄）

（4）缘毛紫菀 *Aster souliei* Franch.

多年生草本，高5～45cm。茎直立单一，不分枝。基生叶丛生，莲座状，匙状长椭圆形，全缘，两面被白色分节的平伏长糙毛，边缘具白色长缘毛；茎生叶倒披针，无柄。头状花序单生茎顶；总苞半球形；总苞片2～3层，边缘具白色短缘毛；舌状花蓝紫色，管状花黄色。瘦果卵状椭圆形。花期6～7月，果期7～8月。

产宁夏六盘山，生于海拔2700m左右的高山草地及灌丛边。

（5）紫菀 *Aster tataricus* L.

多年生草本，高40～50cm。茎直立，单一。叶菱状椭圆形，边缘具不规则的粗锯齿，齿端具小尖头，叶脉羽状，两面被短硬毛。头状花序多数，在茎顶排列成复伞房花序；总苞宽钟形；总苞片2～3层，线形，边缘膜质；舌状花蓝紫色，管状花黄色。瘦果倒卵状长椭圆形，褐色。花期7～8月，果期8～9月。

产宁夏六盘山，生于山谷草地、林缘或河边。饲用价值低等，羊、骆驼乐食，牛稍食，马采食差。

18. 紫菀木属 *Asterothamnus* Novopokr.

中亚紫菀木 *Asterothamnus centraliasiaticus* Novopokr.

亚灌木，高20~40cm。基部多分枝。叶互生，矩圆状线形，下面灰白色，密被蛛丝状绵毛；无柄。头状花序单生枝端或2~3个排列成疏散的伞房花序；总苞宽倒卵形；总苞片3~4层，边缘膜质；舌状花淡紫红色。瘦果倒披针形。花期7~9月，果期8~10月。

产宁夏贺兰山、南华山、西华山及中卫等市（县），生于砾石荒滩或沙质地。饲用价值中等，骆驼四季采食，羊乐食其嫩枝，马和牛不食。

19. 短舌菊属 *Brachanthemum* DC.

星毛短舌菊 *Brachanthemum pulvinatum* (Hand.-Mazz.) C.Shih

半灌木，高15~45cm。茎自基部多分枝，老枝褐色；小枝密被星状毛。叶近对生；叶片椭圆形，3~5羽状或近掌状深裂，裂片线形，两面密被星状毛。上部叶小，3裂。头状花序单生茎顶；总苞半球形；总苞片4层，边缘褐色膜质。舌状花黄色，先端具2~3小齿。瘦果圆柱形，无毛。花期7~8月，果期9~10月。

产宁夏海原、同心等县，生于干旱山坡或砾石滩地。饲用价值中等，春秋季骆驼和羊乐食。

20. 亚菊属 *Ajania* Poljak.

（1）蓍状亚菊 *Ajania achilleoides* (Turcz.) Poljakov ex Grubov

小半灌木，高 10～20cm。茎由基部多分枝。茎下部和中部叶卵形，2 回羽状全裂，小裂片线形，先端钝，两面密被短柔毛；上部叶羽状全裂或不裂。头状花序在茎枝端排列成伞房状；总苞钟形，总苞片 3～4 层，黄色，花冠黄色。瘦果褐色。花果期 8～9 月。

产宁夏贺兰山，生于干旱的砾石山坡。饲用价值优等，绵羊、山羊及骆驼四季均喜食。

（2）灌木亚菊 *Ajania fruticulosa* (Ledeb.) Poljak.

小半灌木，高 8～40cm。茎基部麦秆黄色或淡红色。中部叶轮廓为三角状卵形，2 回掌状或掌式羽裂，茎上部和下部的叶 3～5 全裂，两面被顺向贴状的短柔毛。头状花序在茎顶排列成伞房花序；总苞钟形；总苞片 4 层，边缘白色，膜质，花冠黄色。瘦果椭圆形。花果期 7～9 月。

产宁夏贺兰山、南华山及盐池、银川等市（县），生于石质山坡及荒漠草原。饲用价值中等，骆驼和羊乐食，马仅在冬季乐食。

（3）丝裂亚菊 Ajania nematoloba (Hand.-Mazz.) Y. Ling et C. Shih

小半灌木，高30cm。中下部茎叶宽卵形、楔形或扁圆形，二回三出（少有五出）掌状或掌式羽状分裂。上部叶3～5全裂，但通常4全裂。或全部叶羽状全裂。末回裂片细裂如丝。头状花序小，多数在枝端排成疏松的伞房花序。总苞钟状，总苞片4层，苞片麦秆黄色，有光泽，花冠黄色。瘦果。花果期9～10月。

产宁夏中卫市和海原县，生于干旱山坡。

（4）细叶亚菊 Ajania tenuifolia (Jacq.) Tzvelev

多年生草本，高9～20cm。茎被短柔毛。叶轮廓半圆形或三角状卵形，通常宽大于长，2回羽状分裂，1回裂片2～3对，末回裂片长椭圆形，顶端钝，上面淡绿色，下面灰白色，密被顺向贴伏长柔毛。头状花序少数，在茎顶排列成伞房花序；总苞钟形，总苞片4层，花冠黄色。花果期6～10月。

产宁夏六盘山及南华山，生于向阳山坡。饲用价值中等，青绿期家畜很少采食；秋末霜冻后牛、羊喜食其花序；冬季家畜采食其茎叶。

（5）女蒿 *Ajania trifida* (Turcz.) Muldashev

小半灌木，高 20cm。叶灰绿色，楔形或匙形，3 裂；裂片短线形或线状矩圆形，两面密被白色绢毛；最上部叶线状倒披针形，全缘。头状花序钟形，4～8 个在茎顶排列成伞房状；总苞片疏被长柔毛与腺点；花全部两性，黄色。瘦果圆柱形，黄褐色。花果期 7～9 月。

产宁夏贺兰山及石嘴山、盐池、同心等市（县），生于干旱山坡、荒漠草原。饲用价值中等，羊喜食，骆驼四季采食；马、牛青嫩期采食；结实后马、牛、羊采食花序和果实。

21. 菊属 *Chrysanthemum* L.

（1）小红菊 *Chrysanthemum chanetii* H. Léveillé

多年生草本，高 15～60cm。茎直立或基部弯曲。基生叶和茎下部叶宽卵形，3～5 掌状或羽裂，边缘具齿，两面被柔毛和腺点。头状花序在茎顶排列成疏的伞房状；总苞浅杯状；总苞片 4～5 层，边缘膜质。舌状花粉红色、紫红色或白色，先端具 2～3 小齿；管状花长。瘦果倒卵形，先端截形，具纵肋。花果期 8～10 月。

产宁夏六盘山、贺兰山、南华山及同心等县，生于林缘、灌丛、山坡草地。饲用价值中等，牛、羊乐食，霜后马采食。

（2）甘菊 *Chrysanthemum lavandulifolium* (Fischer ex Trautvetter) Makino

多年生草本，高150cm。茎直立，分枝，带暗紫色，疏被柔毛。叶互生，卵形，羽状全裂，裂片2～3对。头状花序多数，排列成复伞房花序；总苞碟形，总苞片约5层。舌状花黄色，舌片椭圆形，顶端圆钝，管状花黄色。瘦果，无冠状冠毛。花期8～9月，果期9～10月。

产宁夏六盘山、南华山、罗山、云雾山、炭山及麻黄山，生于山坡、荒地及河谷。饲用价值低等，青嫩期羊采食，霜后牛、羊采食。

（3）紫花野菊 *Chrysanthemum zawadskii* Herbich

多年生草本，高15～50cm。茎被短柔毛。叶互生，卵形，羽状深裂。头状花序单生或2～5个排列成疏松伞房花序，总苞浅碟状，总苞片4层，顶端膜质扩展；舌状花紫红色，倒披针形，中央盘花黄色，管状。瘦果，具5～8条不明显纵肋。花期7～8月，果期9～10月。

产宁夏贺兰山、罗山、六盘山、月亮山和南华山，生于草地或林下。饲用价值中等，牛、羊乐食，马稍食，经霜后马乐食。

菊科　Compositae

22. 蒿属　*Artemisia* L.

（1）黄花蒿 *Artemisia annua* L.

一年生草本，高 100～200cm，高大。茎直立，多分枝。茎下部叶片宽卵形，3～4 回栉齿状羽状深裂，裂片具栉齿状三角形裂齿，叶轴两侧具狭翅，叶柄基部具半抱茎的小托叶；茎中部叶 2～3 回栉齿状羽状深裂；茎上部叶与苞叶 1～2 回栉齿状羽状深裂。头状花序球形，总状、复总状花序或圆锥花序；花黄色。瘦果长椭圆形。花果期 8～10 月。

宁夏全区普遍分布，生于林缘、沟边、路旁、田边及村庄附近。饲用价值低等，蒿味浓烈，羊偶尔采食。

（2）白莎蒿（糜蒿）*Artemisia blepharolepis* Bge.

一年生草本，高 20～60cm，有臭味。茎直立，从基部开始有密集的细长分枝，呈帚状，密被白色短柔毛。中下部叶长椭圆形，2 回羽状全裂，侧裂片倒卵形，小裂片卵形，边缘常反卷，两面或下面密被白色短柔毛。上部叶小，羽状全裂；叶柄基部有羽状分裂的假托叶。头状花序下垂，排成圆锥状。瘦果淡褐色，无毛。花果期 8～10 月。

产宁夏盐池、灵武等市（县），生于河岸沙滩、沙丘、山坡。饲用价值低等，秋、冬季各种家畜均乐食，骆驼终年乐食。

(3) 沙蒿（漠蒿）*Artemisia desertorum* Spreng.

多年生草本，高 30～70cm。茎直立，上部分枝，具纵棱。茎下部叶长圆形，2 回羽状全裂或深裂，小裂片线形，背面被灰黄色长柔毛；茎中部叶稍小，长卵形，1～2 回羽状深裂；茎上部叶 3～5 深裂，无柄；苞叶线状披针形。头状花序卵球形，排成总状花序、复总状花序或圆锥花序。瘦果长椭圆形。花果期 8～10 月。

产宁夏贺兰山、六盘山及罗山，生于林缘草地或砾石河滩地。饲用价值中等，适口性较好，蒿味较淡薄、茎秆较柔软，羊、马、牛、驴四季喜食。

(4) 冷蒿（小白蒿）*Artemisia frigida* Willd.

多年生草本，高 30～60cm。茎斜升，丛生。茎下部叶椭圆形，2～3 回羽状全裂，小裂片线状披针形；茎中部叶片长圆形，1～2 回羽状全裂，小裂片长线状披针形；茎上部叶与苞叶羽状全裂。头状花序半球形，总状花序或总状圆锥花序；花冠黄色。瘦果长圆形。花果期 7～10 月。

产宁夏贺兰山及盐池、海原等县，生于向阳山坡、砾石滩地及干河床。饲用价值优等，羊、马、牛、骆驼四季喜食。

（5）细裂叶莲蒿 *Artemisia gmelinii* Web. ex Stechm.

多年生草本，高 10～40cm。茎直立，基部木质，暗紫红色。茎中部叶卵形，2 回羽状全缘，侧裂片长椭圆形，小裂片全缘或有锯齿，羽轴有栉齿状小裂片，疏被毛或无毛，有腺点。头状花序球形，下垂，多数在茎枝上排列成狭窄或稍开展的圆锥状。瘦果卵状矩圆形。花果期 8～10 月。

产宁夏南华山，生于向阳干旱山坡或山麓草地。饲用价值中等，青嫩期牛、马、羊采食。

（6）密毛细裂叶莲蒿 *Artemisia sacrorum* var. *messerschmidtiana* (Besser) Y. R. Ling

本变种与正种的主要区别为叶两面密被灰白色绒毛。分布与生境同正种。饲用价值中等，青嫩期羊采食。

（7）甘肃蒿 *Artemisia gansuensis* Ling et Y. R. Ling

多年生草本。主根粗壮，木质。茎丛生，黄褐色。叶小，基生叶及茎下部叶宽卵形，2 回羽状全裂，小裂片细线形，先端具小尖头；茎中部叶宽椭圆形，羽状全裂，小裂片狭线形；茎上部叶与苞叶 5 或 3 全裂。头状花序小，卵形，排成穗状花序、狭总状花序或圆锥花序。瘦果小，长倒卵形。花果期 8～10 月。

产宁夏盐池、西吉、海原等县，生于干旱山坡。饲用价值中等，青嫩期牛、羊采食；结实期羊乐食，牛、马也吃。

（8）华北米蒿 *Artemisia giraldii* Pamp.

多年生草本，高120cm。茎直立，暗紫褐色。茎下部叶卵形，指状3深裂，裂片披针形，表面被短柔毛，背面密被灰白色蛛丝状柔毛；茎中部叶椭圆形，指状3深裂，裂片线形，先端尖，边缘反卷。头状花序宽卵形，排成总状花序、复总状花序或圆锥花序；花冠黄色或紫红色。瘦果倒卵状椭圆形。花果期8～10月。

产宁夏贺兰山及同心、中卫、海原等市（县），生于干旱山坡。饲用价值良等，早春返青羊、牛、马、驴、骡均采食；夏季适口性降低，家畜多不采食；秋霜后羊和大家畜均喜食。

(9) 狭裂白蒿 *Artemisia kanashiroi* Kitam.

多年生草本，高20～60cm。茎直立，灰棕色，密被灰白色蛛丝状毛。基生叶及茎下部叶近圆形，1～2回羽状分裂，裂片椭圆形，小裂片狭线形，上面被灰白色短柔毛及腺点，背面密被灰白色蛛丝状绒毛，茎中部叶近圆形，1回羽状全裂，裂片线形；茎上部叶3～5全裂。头状花序长圆形，花冠紫色。瘦果长椭圆形。花果期8～10月。

产宁夏固原市原州区及海原等市（县），生于山坡、山谷、路边。饲用价值低等，蒿味浓烈，山羊、骆驼偶尔采食其花序。

(10) 野艾蒿 *Artemisia lavandulifolia* Candolle

多年生草本，高50～120cm。茎丛生，被灰白色蛛丝状短毛。基生叶与茎下部叶宽卵形，2回羽状分裂，表面被蛛丝状毛，具小凹点，背面被灰白色蛛丝状绵毛；茎中部叶卵形，2回羽状全裂，裂片椭圆形。头状花序椭圆形，排成密穗状、复穗状花序或圆锥花序。瘦果长椭圆形。花期8～10月。

产宁夏引黄灌区，生于路旁、田边、草地。饲用价值低等，蒿味浓烈，山羊、骆驼偶尔采食其花序。

（11）蒙古蒿 *Artemisia mongolica* (Fisch. ex Bess.) Nakai

多年生草本，高约120cm。茎直立，被灰白色蛛丝状柔毛。茎下部叶卵形，2回羽状全裂或深裂，裂片椭圆形，背面密被灰白色蛛丝状绒毛；茎中部叶卵形，2回羽状全裂，小裂片披针形；茎上部叶与苞叶卵形，羽状全裂。头状花序椭圆形，排成穗状花序或圆锥花序。瘦果长椭圆形。花果期8～10月。

宁夏全区广泛分布，生于山坡草地、河边、路旁、田边。饲用价值中等，青嫩期羊采食；花期适口性良好，羊、牛、马也采食。

（12）黑沙蒿 *Artemisia ordosica* Krasch.

半灌木。茎直立，丛生，老枝灰白色，幼枝淡紫红色。叶黄绿色，半肉质，无毛，茎下部叶2回羽状全裂，小裂片狭线形；茎中部叶卵形，1回羽状全裂，裂片狭线形；茎上部叶3～5全裂。头状花序卵形，排成总状花序、复总状花序或圆锥花序。瘦果倒卵状长椭圆形。花果期8～10月。

产宁夏银川、盐池、青铜峡、灵武等市（县），生于沙质地或固定、半固定沙丘上。饲用价值中等，是骆驼的主要饲草；早春缺草期羊采食；冬季适口性提高，骆驼和羊均喜食。

（13）褐苞蒿 *Artemisia phaeolepis* Krasch.

多年生草本。茎直立。基生叶与茎下部叶片椭圆形，2～3回栉齿状羽状分裂；茎中部叶片椭圆形，2回栉齿状羽状分裂，叶柄基部具小假托叶；茎上部叶无柄，叶片1～2回栉齿状羽状分裂；苞叶披针形。头状花序半球形，总状花序或狭圆锥花序。瘦果倒卵状长圆形。花果期7～9月。

产宁夏海原、西吉、固原市原州区，生于山坡草地。饲用价值中等，青嫩期羊采食；秋季霜后是家畜抓秋膘的好饲草。

（14）猪毛蒿 *Artemisia scoparia* Waldst. et Kit.

一年生或二年生草本，高40～90cm。茎直立，单一，红褐色，被灰黄色绢质柔毛。基生叶近圆形，2～3回羽状全裂；茎下部叶长卵形，2～3回羽状全裂，小裂片狭线形；茎中部叶长圆形，1～2回羽状全裂，小裂片细线形。头状花序近球形，排成复总状花序或圆锥花序。瘦果倒卵状长椭圆形。花果期7～10月。

宁夏全区广泛分布，生于沙地、河边、路旁。饲用价值中等，青鲜状态绵羊、山羊和骆驼稍食；干枯后乐食或喜食。

（15）圆头蒿 *Artemisia sphaerocephala* Krasch.

半灌木，高 80~150cm。茎直立。叶在短枝上密集成簇生状；茎中部叶宽卵形，2 回羽状全裂，小裂片线形，先端具小硬尖头，叶基部下延半抱茎，常有线形假托叶；茎上部叶羽状分裂或 3 全裂；苞叶线形，不分裂。头状花序球形，排成总状花序、复总状花序或圆锥花序。瘦果卵状椭圆形。花果期 8~10 月。

产宁夏中卫、同心、灵武、盐池、平罗等市（县），生于流动、半固定沙丘上。饲用价值中等，青嫩期仅羊、骆驼偶尔采食；秋霜后适口性增加，牛、马、羊、骆驼采食；冬、春季羊、骆驼采食叶片和当年生枝条。

（16）白莲蒿 *Artemisia stechmanniana* Besser

多年生草本。茎直立，丛生，褐色，下部常木质。茎下部叶与中部叶片长卵形，2~3 回栉齿状羽状分裂，小裂片披针形，叶轴两侧具栉齿，背面密被灰白色平伏短柔毛，叶柄长基部具小型栉齿状分裂的假托叶。头状花序球形，总状花序或圆锥花序。瘦果卵状狭椭圆形。花果期 8~9 月。

产宁夏贺兰山、罗山、六盘山及中卫、盐池、西吉、海原等市（县），生于山坡或砾石滩地。饲用价值中等，青嫩期羊采食。

（17）**裂叶蒿** *Artemisia tanacetifolia* L.

多年生草本，高约90cm。**茎直立**。基生叶和茎下部叶长圆形，2回羽状全裂，小裂片矩圆状披针形，叶轴具疏生栉齿状小裂片，两面疏被短伏毛并密被腺点；上部叶渐小，羽状全裂或不裂。头状花序半球形，下垂，圆锥状。瘦果暗褐色。花果期7～9月。

产宁夏贺兰山及海原等县，生于林缘、灌丛、山谷砾石滩地。

(刘冰拍摄)

(白增福拍摄)

四十三　伞形科　Umbelliferae

1. 柴胡属　*Bupleurum* L.

（1）**线叶柴胡** *Bupleurum angustissimum* (Franch.) Kitagawa.

多年生草本，高约80cm。根红棕色。茎呈二歧分枝。基生叶线形；茎生叶狭线形，边缘内卷，无柄。复伞形花序生枝顶；总苞片无或1～3层，钻形，伞辐5～8个，不等长；小总苞片3～7层，线状披针形，先端尖；小伞形花序具花8～15朵；花瓣鲜黄色。果实椭圆形。花期7～8月，果期8～10月。

产宁夏西吉、海原等县及中卫香山，生于干旱山坡、稀疏灌丛及草地。饲用价值中等，青嫩期羊喜食，牛马也采食；秋天霜期后，适口性增加，羊喜食，牛、马也采食。

（2）黄花鸭跖柴胡 *Bupleurum commelynoideum* var. *flaviflorum* R.H.Shan & Y.Li

多年生草本，高38～48cm。根深棕色。茎直立。基生叶线状倒披针形，具长柄；茎生叶卵状披针形，抱茎。复伞形花序顶生，无总苞片或仅具1片总苞片，长椭圆形，伞辐6～8个，不等长；小总苞片5～7层，椭圆形，先端具小尖头，边缘膜质，基部稍连合，小伞形花序具16～30朵花，花梗短；花瓣黄色。花期7～8月。

产宁夏南华山，生于阳坡草地上。

（3）短茎柴胡 *Bupleurum pusillum* Krylov

多年生矮小草本，高约10cm。根黑褐色。茎丛生。基生叶多数，长椭圆状披针形或长椭圆状倒披针形；茎生叶少数，长椭圆形，基部抱茎，无柄。复伞形花序顶生；总苞片1或无，倒卵状椭圆形，先端急尖，伞辐3～6个，不等长；小总苞片5～7层，狭倒卵形或长椭圆形，先端急尖，具小尖头；小伞形花序具花5～15朵；花瓣黄色。果实卵状椭圆形。花期8～9月，果期9～10月。

产宁夏贺兰山、罗山及海原、西吉等县，生于干旱山坡或路边。饲用价值中等，牛、马、羊采食。

伞形科 **Umbelliferae**

（4）红柴胡 *Bupleurum scorzonerifolium* Willd.

多年生草本，高 60cm。根深红棕色。茎直立，上部具分枝，稍呈之字形弯曲，基部具纤维状残留叶鞘。基生叶多数，线状披针形；茎生叶小，常内卷，无柄。复伞形花序常腋生；总苞片 1～5 片，狭卵形，伞辐 3～7 个，纤细，不等长；小总苞片 4～6 层，线状披针形，边缘膜质，等长或稍长于小伞形花序；小伞形花序具花 5～15 朵；花瓣黄色。果实椭圆形。花期 7～8 月，果期 8～9 月。

产宁夏贺兰山、六盘山及麻黄山，生于向阳山坡及灌丛中。饲用价值良等，春、夏两季各种家畜均喜食。

（5）黑柴胡 *Bupleurum smithii* H.Wolff

多年生草本，高25～60cm。根黑色。茎丛生。基生叶长椭圆状倒披针形；茎中部叶长椭圆状披针形，无柄；茎上部叶卵状披针形，无柄。复伞形花序顶生；总苞片1～3层，椭圆形，伞辐6～12个，不等长；小总苞片7～10层，椭圆形，先端具小尖头；花瓣黄色。果实卵形。花期7月，果期8～9月。

产宁夏六盘山，生于林缘及河滩草地。饲用价值良等，牛、马、羊采食。

（6）银州柴胡 *Bupleurum yinchowense* R.H.Shan & Y.Li

多年生草本，高50cm。根红色。茎直立，基部具膜质残存叶鞘。茎中部叶倒披针形，具短柄。复伞形花序顶生；总苞片无或1～2层，披针形，先端尖，伞辐5～12个；小总苞片5层，线形，先端尖，小伞形花序具花5～12朵；花瓣黄色。果实椭圆形。花期8月，果期9～10月。

产宁夏南华山，生于向阳山坡。饲用价值良等，牛、马、羊采食。

2. 硬阿魏 *Ferula* L.

硬阿魏 *Ferula bungeana* Kitag.

多年生草本，高 30～50cm。茎分枝常呈圆锥状。茎下部叶多互生，上部叶常轮生，基生叶莲座状，叶鞘宽大；叶 3 裂或羽状全裂；茎生叶叶柄短，叶鞘膨大。顶生中央花序常为两性花，侧生花序常为雄花或杂性花，常无总苞片；小总苞片有或无。萼无齿或有短齿；花瓣黄或淡黄色，稀暗黄绿色，先端渐尖内曲；花柱基圆锥状，边缘宽，稍浅裂波状。果背腹扁；每棱槽油管 1 至多数，合生面油管 2 至多数；心皮柄 2 裂至基部；胚乳腹面平直或微凹。花期 5 月，果期 6～7 月。

产宁夏盐池、同心、海原、原州、西吉等市（县），生于草原、半荒漠及荒漠带砾石山坡。饲用价值中等，青嫩期各类家畜均采食，羊喜食。

主要参考文献

程积民，朱仁斌. 六盘山植物图志 [M]. 北京：科学出版社，2014.
韩文军，宝勒日玛，春亮. 蒙古高原饲用植物 [M]. 北京：中国农业科学技术出版社，2018.
黄璐琦，李小伟. 贺兰山植物资源图志 [M]. 福州：福建科学技术出版社，2017.
贾慎修，陈默君. 中国饲用植物 [M]. 北京：科学出版社，2002.
李小伟，林秦文，黄维. 宁夏植物图鉴，第一卷 [M]. 北京：科学出版社，2021.
李小伟，吕小旭，黄文广. 宁夏植物图鉴，第二卷 [M]. 北京：科学出版社，2020.
李小伟，吕小旭，朱强. 宁夏植物图鉴，第三卷 [M]. 北京：科学出版社，2020.
李小伟，黄文广，窦建德. 宁夏植物图鉴，第四卷 [M]. 北京：科学出版社，2021.
马德滋，刘惠兰，胡福秀. 宁夏植物志 [M]. 2版. 银川：宁夏人民出版社，2007.
宁夏农业勘察设计院，宁夏畜牧局，宁夏农学院. 宁夏植被志 [M]. 银川：宁夏人民出版社，1988.
史志诚，尉亚辉. 中国草地重要有毒植物 [M]. 北京：中国农业出版社，2016.
西北植物研究所，宁夏回族自治区农业现代化基地办公室. 滩羊区植物志 [M]. 银川：宁夏人民出版社，1988.
赵宝玉. 中国天然草原有毒有害植物名录 [M]. 北京：中国农业科学技术出版社，2016.
赵一之，马文红，赵利清. 贺兰山维管植物检索表 [M]. 呼和浩特：内蒙古大学出版社，2014.
中国科学院中国植物志编辑委员会. 中国植物志，第五十四卷 [M]. 北京：科学出版社，1978.
中国科学院中国植物志编辑委员会. 中国植物志，第五十五卷第一分册 [M]. 北京：科学出版社，1979.
中国科学院中国植物志编辑委员会. 中国植物志，第五十五卷第二分册 [M]. 北京：科学出版社，1985.
中国科学院中国植物志编辑委员会. 中国植物志，第五十五卷第三分册 [M]. 北京：科学出版社，1992.
中国科学院中国植物志编辑委员会. 中国植物志，第六十一卷 [M]. 北京：科学出版社，1992.
中国科学院中国植物志编辑委员会. 中国植物志，第六十二卷 [M]. 北京：科学出版社，1988.
中国科学院中国植物志编辑委员会. 中国植物志，第六十三卷 [M]. 北京：科学出版社，1977.
中国科学院中国植物志编辑委员会. 中国植物志，第六十四卷第一分册 [M]. 北京：科学出版社，1979.
中国科学院中国植物志编辑委员会. 中国植物志，第六十四卷第二分册 [M]. 北京：科学出版社，1989.
中国科学院中国植物志编辑委员会. 中国植物志，第六十五卷第一分册 [M]. 北京：科学出版社，1982.
中国科学院中国植物志编辑委员会. 中国植物志，第六十五卷第二分册 [M]. 北京：科学出版社，1977.
中国科学院中国植物志编辑委员会. 中国植物志，第六十六卷 [M]. 北京：科学出版社，1977.
中国科学院中国植物志编辑委员会. 中国植物志，第六十七卷第一分册 [M]. 北京：科学出版社，1978.
中国科学院中国植物志编辑委员会. 中国植物志，第六十七卷第二分册 [M]. 北京：科学出版社，1979.
中国科学院中国植物志编辑委员会. 中国植物志，第六十八卷 [M]. 北京：科学出版社，1963.
中国科学院中国植物志编辑委员会. 中国植物志，第六十九卷 [M]. 北京：科学出版社，1990.
中国科学院中国植物志编辑委员会. 中国植物志，第七十卷 [M]. 北京：科学出版社，2002.
中国科学院中国植物志编辑委员会. 中国植物志，第七十一卷第二分册 [M]. 北京：科学出版社，1999.
中国科学院中国植物志编辑委员会. 中国植物志，第七十二卷 [M]. 北京：科学出版社，1988.
中国科学院中国植物志编辑委员会. 中国植物志，第七十三卷第一分册 [M]. 北京：科学出版社，1986.
中国科学院中国植物志编辑委员会. 中国植物志，第七十三卷第二分册 [M]. 北京：科学出版社，1983.
中国科学院中国植物志编辑委员会. 中国植物志，第七十四卷 [M]. 北京：科学出版社，1985.

中国科学院中国植物志编辑委员会 . 中国植物志，第七十五卷 [M]. 北京：科学出版社，1979.
中国科学院中国植物志编辑委员会 . 中国植物志，第七十六卷第一分册 [M]. 北京：科学出版社，1983.
中国科学院中国植物志编辑委员会 . 中国植物志，第七十六卷第二分册 [M]. 北京：科学出版社，1991.
中国科学院中国植物志编辑委员会 . 中国植物志，第七十七卷第一分册 [M]. 北京：科学出版社，1999.
中国科学院中国植物志编辑委员会 . 中国植物志，第七十七卷第二分册 [M]. 北京：科学出版社，1989.
中国科学院中国植物志编辑委员会 . 中国植物志，第七十八卷第一分册 [M]. 北京：科学出版社，1987.
中国科学院中国植物志编辑委员会 . 中国植物志，第七十八卷第二分册 [M]. 北京：科学出版社，1999.
中国科学院中国植物志编辑委员会 . 中国植物志，第七十九卷 [M]. 北京：科学出版社，1996.
中国科学院中国植物志编辑委员会 . 中国植物志，第八十卷第一分册 [M]. 北京：科学出版社，1997.
中国科学院中国植物志编辑委员会 . 中国植物志，第八十卷第二分册 [M]. 北京：科学出版社，1999.
中国饲用植物志编辑委员会 . 中国饲用植物志，第一卷 [M]. 北京：农业出版社，1987.
中国饲用植物志编辑委员会 . 中国饲用植物志，第二卷 [M]. 北京：农业出版社，1989.
中国饲用植物志编辑委员会 . 中国饲用植物志，第三卷 [M]. 北京：农业出版社，1992.
中国饲用植物志编辑委员会 . 中国饲用植物志，第四卷 [M]. 北京：农业出版社，1992.
中国饲用植物志编辑委员会 . 中国饲用植物志，第五卷 [M]. 北京：中国农业出版社，1995.
中国饲用植物志编辑委员会 . 中国饲用植物志，第六卷 [M]. 北京：中国农业出版社，1997.
朱宗元，梁存柱 . 贺兰山植物志 [M]. 银川：阳光出版社，2011.
Wu Z Y, Raven P H. Flora of China: Vol. 13[M]. Beijing: Science Press and Missouri Botanical Garden, 2007.
Wu Z Y, Raven P H. Flora of China: Vol. 14[M]. Beijing: Science Press and Missouri Botanical Garden, 2005.
Wu Z Y, Raven P H. Flora of China: Vol. 15[M]. Beijing: Science Press and Missouri Botanical Garden, 1996.
Wu Z Y, Raven P H. Flora of China: Vol. 16[M]. Beijing: Science Press and Missouri Botanical Garden, 1995.
Wu Z Y, Raven P H. Flora of China: Vol. 17[M]. Beijing: Science Press and Missouri Botanical Garden, 1994.
Wu Z Y, Raven P H. Flora of China: Vol. 18[M]. Beijing: Science Press and Missouri Botanical Garden, 1998.
Wu Z Y, Raven P H. Flora of China: Vol. 19[M]. Beijing: Science Press and Missouri Botanical Garden, 2011.
Wu Z Y, Raven P H. Flora of China: Vol. 20[M]. Beijing: Science Press and Missouri Botanical Garden, 2011.
Wu Z Y, Raven P H. Flora of China: Vol. 21[M]. Beijing: Science Press and Missouri Botanical Garden, 2011.